Odo Klose

Faszination Autodesign

HEEL

Faszination Autodesign

Dank an alle, die zu diesem Buch und der begleitenden Ausstellung beigetragen haben.

Zulieferunternehmen:
Hans-Gerhard Wähling, Christoph Deiters, Christel Hönisch der Firma Erbslöh, Velbert.
Bernd Lock, Dieter Heise der Firma Fingscheidt, Velbert.
Dr. Heinz Lowak, Dietrich Brandt der Firma Fuchs, Meinerzhagen.
Heinz Eßer der Firma Hammesfahr, Solingen.
Hartmut Happich, Claus Casimir, Uwe Hasenpflug, Horst Lünenschlohs der Firma Happich, Wuppertal.
Claus D. Canenbley der Firma Herberts, Wuppertal.
Klaus-Jürgen Helsper, Gerhard Scherbaum, Bernd Engels der Firma Keiper-Recaro, Remscheid.
Willi Deiters, Gerhard Friedrichs der Firma Klein, Wuppertal.

AEG AG, Springe, Bereich Lichttechnik.
Herbert Willmy, Ulrich Mehls.

Mercedes-Benz AG:
Helmut Petri, Berthold Fröhlich, Helmut Kimmel, Dietrich Wulff der Produktionsabteilung, Sindelfingen.
Prof. Joseph Gallitzendörfer, Hans Jooss, Andreas Langenbeck, Frank Weinhold des Designbereiches, Sindelfingen.
Uwe Brodbeck, Thomas Hartmann, Susanne Stein, Gudrun Wallach, Birgit Gugelberger, Brigitte Bendel der Presse- und Marketingabteilung.
Friedrich Müller, Maria Feifel des Museums / Archivs.
Franz E. Mayer, Corporate Identity / Innenelemente.
Hans-Reinhard Dopheide, Karl Peters der Niederlassung Wuppertal / Solingen.

Teilnehmer an den Designprojekten:
Odysseus Andronis, Johannes Arndt, Martina Baums, Kurt Bayer, Martin Glock, Jost Gürster, Frank Haase, Harald Hischke, Detlef Hunold, Oliver Jung, Steffen Klein, Andreas Kramer, Susanne Mager, Ralf Möller, Stephan Pegels, Stephan Quenkert, Jörn Schmidt, Hardtmuth Sinkwitz, Norman Starke, Jörn Steffens, Markus Syring, Michael Wagner. Die Projektarbeiten entstanden an der Bergischen Universität GH Wuppertal.

Organisation:	Felix Ressel
Realisation:	Gabriele Graffunder
	Winfried Venne
Fotografie:	Friederike Schwarz, René Staud
	Mercedes-Benz Museum/Archiv
	Mercedes-Benz Designbereich
Textbearbeitung:	Bina Klose
	Bryn Chapple
Englische Übersetzung:	Catherine Lauer-Walker
Konzeption:	Odo Klose

HEEL-Verlag GmbH
Hauptstraße 354
5330 Königswinter 1
Tel.: 0 22 23/2 30 27

1.Auflage 1991

ISBN 3-89365-250-7

Inhalt

Vorwort		5
Faszination der Stilistik	Die Symbolform des Autos	7
	Streamline - Stromform	10
	Structureline - Strukturform	12
	Semanticline - Semantikform	14
	Stilistik der Autoform	16
	Das Gesicht des Autos	22
	Die Gleichartigkeit in der Entwicklung	27
	Die Gleichartigkeit im Programm	31
Faszination der Form	Eine Autoform entsteht	34
	Kontinuität im Fortschritt	39
	Ein Designmodell geht in Produktion	42
	Auswahl der Modellentwicklungen	44
Faszination im Detail	Das beliebteste Detail	46
	Ein Stern wandert	49
	Eine neue Oberfläche: HÄMATIT	51
	Eine Leiste wird zweifarbig	55
	Ein neuer Farbton: BORNIT	56
	Ein Griff im Wandel	64
	Ein Deckel schwingt auf	67
	Die Idee eines beleuchteten Fondspiegels	69
	Ein Knopf mit zwei Funktionen	71
	Der Knall, der Leben rettet	72
	Ein Griff wird griffig	76
	Ein Eckenabschluß wird geformt	78
	Das Status-Zeichen	80
	Eine neue Radform	82
	Das zweite Gesicht des Rades	85
Faszination der Vision	Die Suche nach neuen Autoformen	92
	Design - nicht nur äußerlich	94
	Die symbolische Form des Autos	96
	Die Sonne liefert die PS	98
	Die Vielfalt der Form	100
	Der Minitrans - ein neuer Typ	102
	Minitrac - das Anhängerauto	104
	Die Zukunft der Simulation	107
	Komfort und Perfektion	109
	Von der Kurbel zum Knüppel	111
	Leben im Autositz	113
	Das Beispiel Außenspiegel	115
	Die Speiche des Autorades	117
	Auf das Autodach	119
	Forschung in der Modulbauweise	120
	Das Zentralgerüst - ein weiterer Vorschlag	122
	Das Intercity-Autokonzept	124
	Das Magnetschwebeauto	126
	Zuletzt ein Blick auf die Straße	128

Vorwort

Die Region Bergisches Land ist Sitz einer bedeutenden Auto-Zulieferindustrie. Diese liefert allein für die Mercedes-Benz AG jährlich für mehr als zwei Milliarden DM Autoteile.

An der Bergischen Universität GH Wuppertal werden in einem Seminar für Autodesign Lehr- und Forschungsarbeiten durchgeführt, die weit über die Grenzen von Wuppertal bekannt sind.

Dies war für uns Anlaß, zum Zeitpunkt des Erscheinens der neuen Mercedes-Benz S-Klasse der Frage nachzugehen, in welcher Art Wechselbeziehungen zwischen Wissenschaft, Autohersteller und Zulieferindustrie bestehen.

Das Ergebnis zeigt dieses Buch und eine begleitende Ausstellung in unserem Haus.

Mein Dank gilt allen beteiligten Unternehmen der Region, die dazu beigetragen haben:

Bergische Universität, Wuppertal
Julius & August Erbslöh GmbH, Velbert
Friedrich Fingscheidt GmbH, Velbert
Otto Fuchs Metallwerke, Meinerzhagen
Willi Hammesfahr GmbH & Co., Solingen
Gebr. Happich GmbH, Wuppertal
Herberts GmbH, Wuppertal
Keiper-Recaro GmbH & Co. KG, Remscheid
Walter Klein GmbH & Co. KG, Wuppertal
Mercedes-Benz Designbereich, Sindelfingen

Hans-Reinhard Dopheide

Direktor der Niederlassung Wuppertal/Solingen
der Mercedes-Benz Aktiengesellschaft

Faszination der Stilistik

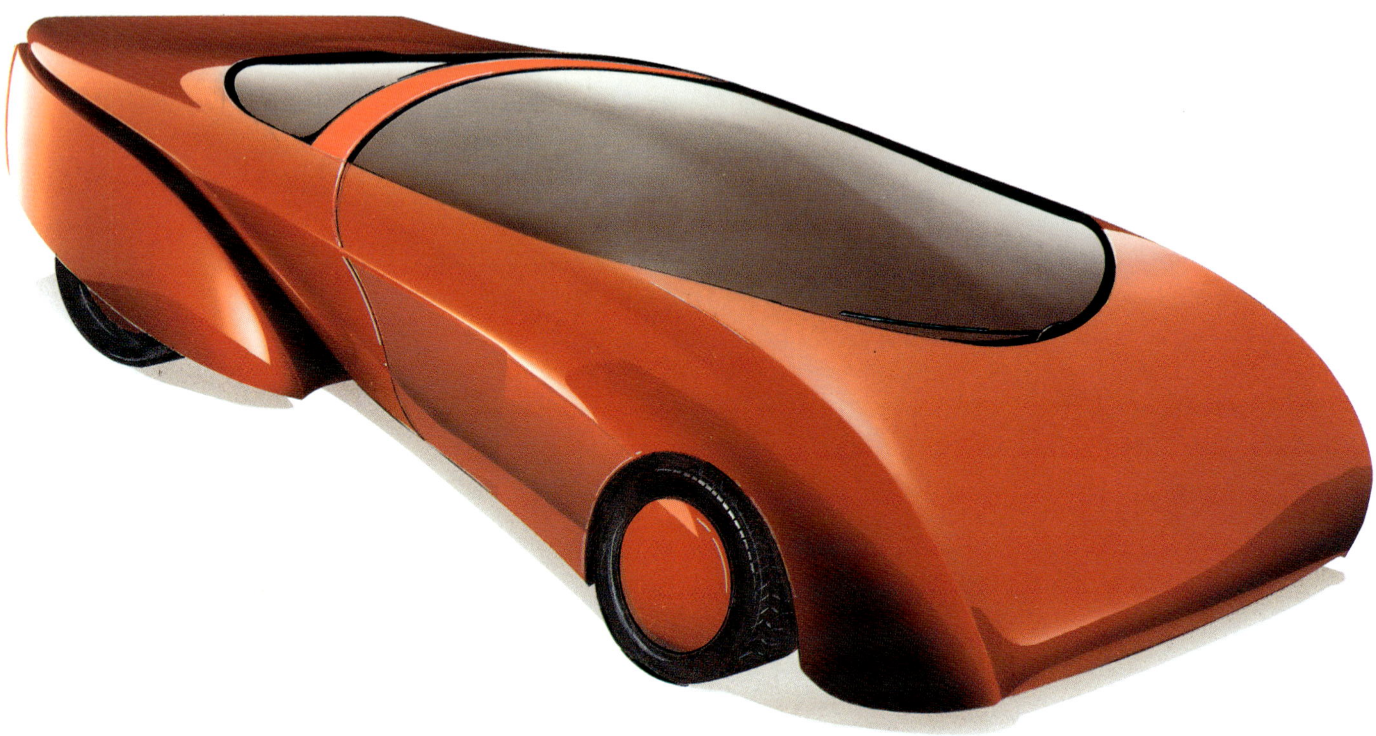

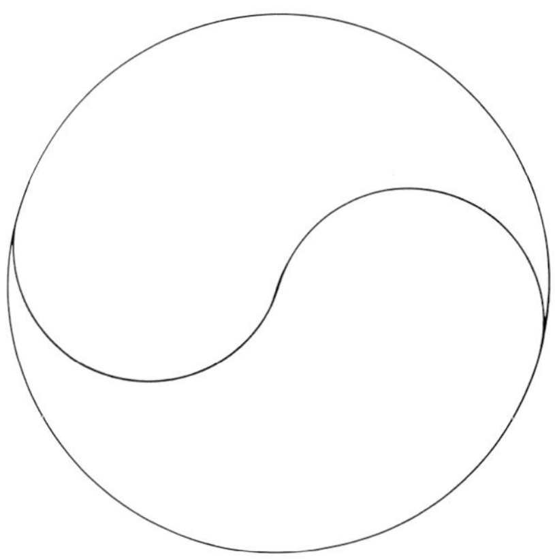

Die Symbolform des Autos

Lange bevor das Auto die Straßen füllte, verwirklichte der Mensch seinen Traum von der Fortbewegung auf dem Rücken von Pferden. Alles auf dieser Welt ist in Bewegung. Bewegung ist eine sinnliche Erfahrung; es ist die Lust, lebendig zu sein.

Das Autofahren bietet nicht nur Transport. Es ist ein Mythos, ein Urtraum des Menschen. Dabei fragen die Mythen keineswegs nach einem Sinn. Sie zeigen sich in Symbolen, in Formen und Zeichen.

Die Autoform ist ein Symbol der Bewegung. In den „Dreamcars", den Traumautos wird diese Symbolsprache am deutlichsten spürbar. Die Symbole sind fließende, gerundete oder auch keilförmige Gebilde. Selbst die frühen Kabinenformen des Autos gewinnen den dynamischen Ausdruck der Bewegung durch die schwingende Form der seitlich angebrachten Kotflügel.

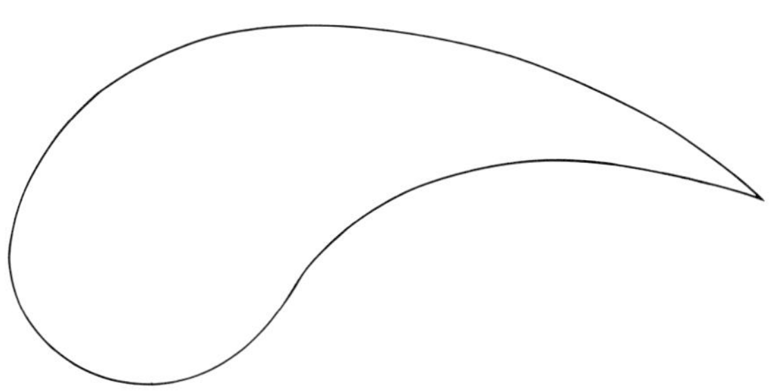

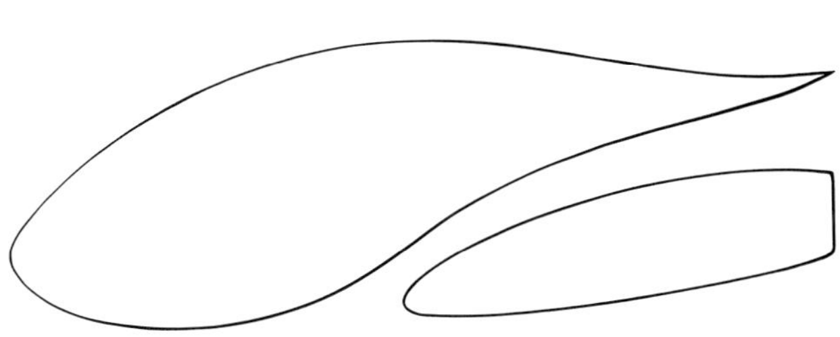

The symbolic form of the car

Long before the streets were filled with cars, mankind realised the dream of transport on horseback. Everything on this earth is moving. Movement is a sensual experience; a feeling of being alive. A car does not only offer transport. It is a myth, a prime dream of mankind. There is no question of sense behind the myth. It is visible in symbols, forms and characteristics. The car form symbolizes movement, and this makes itself most clearly felt in the "dream cars". The symbols are flowing, rounded or also wedge shaped structures. Even the earlier cabin form has the dynamic expression owing to the sweeping form of the mudguard positioned on the side.

Streamline - Stromform

Der symbolische Formenwandel wird zum Ausdruck eines Stils.
Der Stilwandel läßt sich sehr deutlich in der Formgebung der Sportautos nachzeichnen. In den fließenden Formen der Stromlinie findet das Symbol „Bewegung" um 1950 seinen stärksten Ausdruck. Der R 198 aus dem Jahre 1954, besser bekannt als 300 SL, ist das schönste Beispiel für diese Stilepoche. Der Kühler weitet sich zum „Haifischmaul", die Stoßstange bekommt keilförmige „Hörner" und Ausbuchtungen, über dem Radausschnitt quellen „Wülste". Löcher werden mit schnittigen Leisten abgedeckt. Die Fülle an Formelementen verstärkt den Eindruck des Stromlinien-Stils.

Streamline

The symbolic change manifests itself in a style which is most clearly seen in the form of the sports car.
The symbol of movement is most powerfully expressed in the flowing forms of the fifties. The best example for this epoch is the R 198, better known as the 300 SL, built in 1954. The radiator extends to a sharklike mouth, the bumpers are fitted with wedge formed overriders, smooth fins bulge over the wheel arches. The ventilation openings are fitted with stylish mouldings. The wealth of form elements augments the impression of the streamline style.

Structureline - Strukturform

Bereits in den Jahren um 1960 zeichnet sich ein Stilwandel ab; die weichen, fließenden Formen der Stromlinie strecken und straffen sich. Überall, wo es sich technisch ermöglichen läßt, werden Kanten geformt. Ganz allmählich vollzieht sich der Übergang von der Stromform zur Strukturform. In den Jahren um 1975 erreicht dieser Stil mit den kantigen Strukturen dann seinen Höhepunkt. Der Sportwagen R 113 aus dem Jahre 1963 zeigt noch die rundlichen Formen der Streamline, aber schon sein Nachfolger R 107 von 1970 läßt anhand vieler Einzelelemente den Strukturstil erkennen - die Kantigkeit des Daches, die Rillen der Bodenschwelle, die Struktur der Rückleuchten. Viele der später stilistisch prägenden Formelemente finden ihre zweckdienliche Bestätigung und Erklärung.

Structureline

Style begins to change in the early sixties. The round, flowing streamlined forms are lengthened and straightened. Wherever possible angular shapes are formed. A gradual transition from the streamline to the structureline takes place. Later, the angular style reaches its culmination around 1975. The sports car R 133 from 1963, still shows the rounded streamline form, but its successor, the R 107 from 1970 is evidence of the many singular elements of the structureline style; the angular roof, the ribs on the lower body panels and the structure of the rear lights. Many of the elements which are later to determine the style have relevant and confirmed functions.

Semanticline - Semantikform

Einen erneuten Stilwandel bringen die 80er Jahre hervor. Verstärkt treten wieder Rundungen auf. Das Symbol der Dynamik, die Keilform, wird zum prägenden Element. Die Semantik, die Bedeutung einer Form also , tritt in den Vordergrund, und man besinnt sich vielfach in der Formgebung auf vergangenes Formengut.
Der R 129 ist ein typisches Beispiel für den neuen Semantikstil, der sich in den 80er Jahren entwikkelt hat und in die Formgebung der 90er Jahre einfließt. Besonders deutlich wird der Rückgriff auf Elemente der Stromform sichtbar, wie beispielsweise im Kühlergesicht oder im seitlich hinter dem Vorderrad angefügten Luftaustritt.
Die Symbolsprache der Bewegung bildet - trotz allen stilistischen Wandels - immer wieder die Grundlage sämtlicher neuer Autoformen.

Semanticline

The eighties brought once more a change in style, giving preference once again to round forms. The wedge shaped body, as the symbol of dynamics, becomes the dominant element. The semantic, the meaning of a form, increases in importance and in many cases there is a revival of traditional forms.
The R 129 is a typical example of the new semantic style, which developed in the eighties and flows into the form design of the nineties. This recourse to streamlined elements can particularly be seen in, e.g. the "face" of the radiator grille or in the air outlet behind the front wheel.
In spite of all stylistic change, it is the symbolic language of movement which forms the basis of all new car forms.

Stilistik der Autoform

Die Wandlung der biologischen Formen im Verlauf der Evolution zeigt, daß Formveränderungen stets auf der Grundlage vorhandener Formen vollzogen werden. Ähnlich ist dies auch bei den Wandlungen der Stilistik. So basiert jeder neu aufkommende Stil auf dem Formengut des vorhergegangen. Dies gilt auch für die Autoformen.
Bei den Kabinenformen der ersten Automobilgeneration verdeutlicht im wesentlichen die Formung des Kotflügels das Element der Bewegung. Sie wurde immer fließender und volumiger, bis sie in den 30er Jahren ihren Höhepunkt erreichte, um danach langsam zu einer fließenden Gesamtform zu werden. Diese erste stilistische Generation der Stromlinien-Autos wird als Fließform bezeichnet.

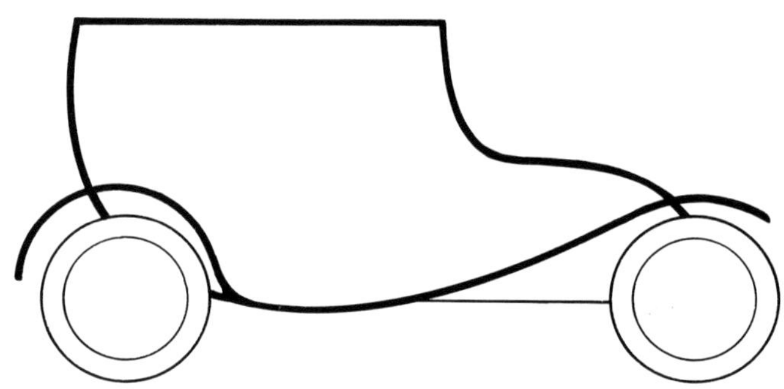

Stylistics in car forms

Generally speaking, the transformation of biological forms in the course of evolution, shows that changes in form are always based on already existing elements. There is a similar pattern in the changes in stylistics. Each new coming style is based on the elements of its predecessor. The car form is no exception.
Fundamentally, it is the shape of the mudguard on the "cabin form" of the first automobile generation which illustrates the element of movement. The mudguard form started to become more flowing and voluminous until it reached its culmination in the thirties, when it began to be integrated into one flowing form. The name given to this first stylistic generation is the "streamline" car.

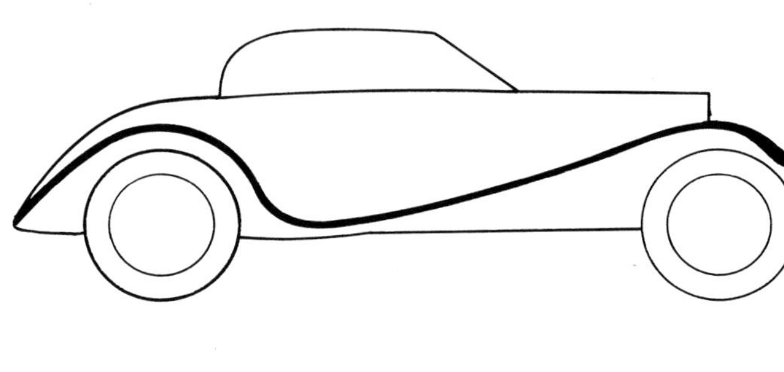

Die Ganzstahlkarosserie stellte an das Autodesign völlig neue technische Auforderungen. Zögernd wurden die Möglichkeiten in neue Gestaltungskonzepte umgesetzt. Die ersten sogenannten Pontonformen überzeugten nicht, und so blieb der angedeutete oder eingeformte Kotflügel bei der Mehrzahl der Autos dieser Zeit erhalten.
Der W 187 (Mercedes-Benz 220) aus dem Jahre 1951 zeigt noch die klassische Kotflügelform. Erst als man damit begann, die Formen zu straffen und das Auto in ein Ober-, Mittel- und Unterteil zu gliedern, entstanden neue Autos, die formal überzeugten. Ein klassisches Beispiel hierfür ist der C 180 (220 SE Coupé) aus dem Jahre 1961. Dieses Modell fand nicht nur Anerkennung, es wurde zur Urform einer stilistischen Epoche. Es ist auch die Ausgangsform für alle darauffolgenden Generationen von Mercedes-Benz Automobilen.

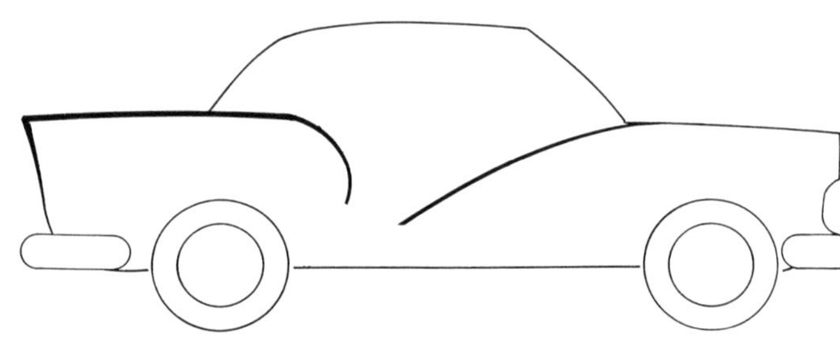

With the integral all-steel body, car design was faced with entirely new technical demands. Hesitantly, new design concepts materialised from the new possibilities. The first so-called ponton forms were not convincing and so the suggested or formfitted mudguard remained on the majority of cars during this period. The W 187, Mercedes-Benz 220, from 1951 still exemplifies the classical mudguard.
Only after the form began to be straightened and the car was divided into top, middle and bottom parts, was there the possibility to show a formal solution which would be convincing. A classical example is the C 180/220 SE coupé from 1961. This model was not only widely acknowledged but also became the archetype of a stylistic epoch and furthermore represented the first step in the development of all following generations of Mercedes-Benz automobiles.

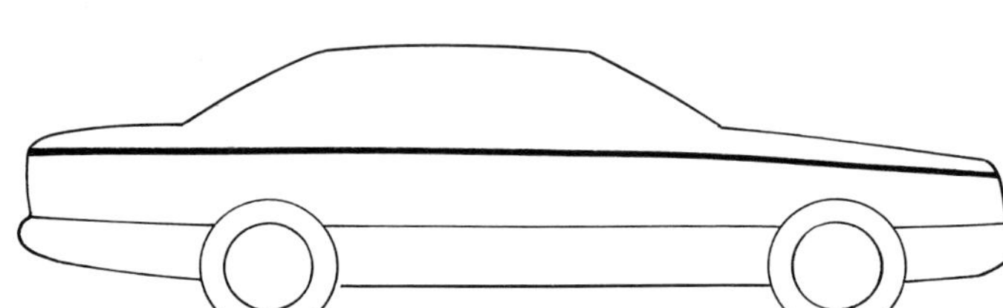

Die Semantikformen der 90er Jahre stellen stilistisch die fünfte Generation der Autoform dar. Hier wird wieder verstärkt der Ausdruck der Symbolformen für Bewegung gesucht. Dabei ist die dynamische Grundform keilförmig. Die Formensprache ist gerundet, großflächig und glatt gespannt. Wandlungen in der Nutzungsstruktur verändern die inzwischen klassisch gewordene dreigeteilte Autoform mit abgesetztem Motor- und Kofferraum. Die Projektstudie F 100 aus dem Jahre 1991 ist ein Beispiel für den strukturellen und stilistischen Wandel, der sich im letzten Jahrzehnt des 20. Jahrhunderts deutlich abzeichnet.

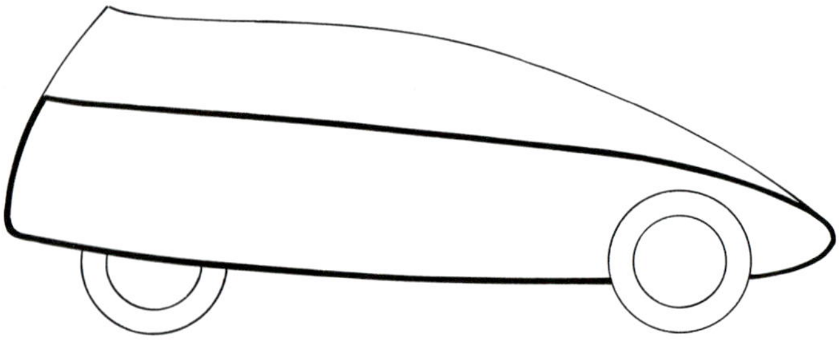

The semantic forms of the nineties represent stylistically the fifth generation of the car form. Here again the efforts to express the symbol of movement are intensified, whereby the dynamic form is wedged. The form language is rounded, generous and smooth. Changes in use also bring about changes in the traditional "three-box" car form, with separate engine compartment and boot. The project study F 100 from 1991 exemplifies the structural and stylistic change, which is in the offing in the last decade of the twentieth century.

S-F 100

Das Gesicht des Autos

Nicht nur beim Menschen ist das Gesicht das prägendste Körperteil, auch das Auto besitzt ein solches Merkmal. Der prägende Charakter des Autogesichts entsteht durch die technischen Funktionsteile wie Kühllufteinlaß, Beleuchtungsanlage, Stoßstange ...
Die historische Entwicklung des Fahrzeuggesichts verdeutlicht die Integration der Funktionsteile zu prägenden Stilmerkmalen.
Die Suche nach eigenständigen und charakterisierenden Gesichtszügen einer Automarke wird zu einer entscheidenden Aufgabe des Autodesigns. Stilistischer Wandel und markenspezifische Prägung verlangen nach ständiger Pflege und Weiterentwicklung des Autogesichtes.

The face of the car

The face is not only the best remembered part of a person but also that of the car. This impressing character arises through the use of technical functional parts, air inlets, the lighting equipment, bumpers etc.
The historical development of the car face illustrates how functional parts are integrated in order to produce a striking characteristic style.
The search for individual and characterizing features for the car face becomes a crucial assignment. Stylistic change and market specific impressions demand a permanent cultivation and development of the car face.

Eine Automarke wird geprägt durch die Gesichter ihrer Fahrzeugtypen. Ein solch gestaltprägnantes Erkennungszeichen besitzen alle Autos von Mercedes-Benz im Kühlergesicht.
Bis Mitte der 30er Jahre weisen die meisten Autos ein ähnliches Kühlergesicht auf. Dieses ist durch die Technik des Wabenkühlers entstanden. Während in den folgenden Jahrzehnten die allgemeine stilistische Entwicklung sich wandelt, behält Mercedes-Benz die traditionelle Form bei und gleicht diese scheinbar unbemerkt und ganz behutsam dem allgemeinen Formenwandel an. Dieser spezifische Effekt erweist sich als eine der wertvollsten Eigenschaften im Gestaltungswettbewerb der Marken.

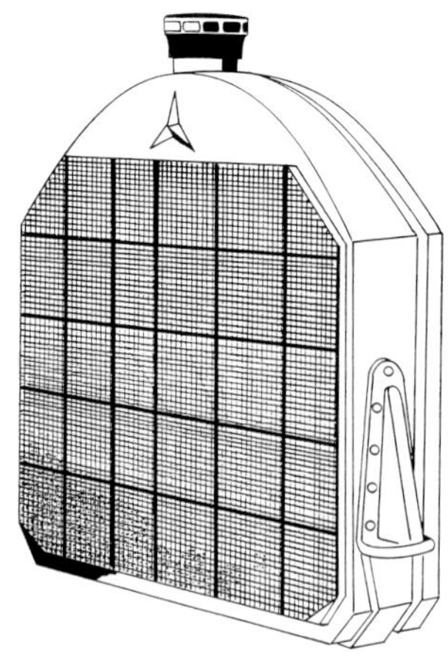

A car "brand" or "make" is determined by the faces of the models. The radiator grille on all Mercedes-Benz cars represents an easily recognizable impressive design.
Till the middle of the thirties most cars were fitted with a similar style of radiator grille, which originated from the engineering of the honeycomb radiator. During the following decades as the general stylistic development changes, Mercedes-Benz remains true to the traditional form and adapts gently and almost unnoticed to the general form trends. This special quality proves itself to be one of the most valuable features in the competitive environment of car design.

S AM 6740
S DS 7957
S KT 5618

Die Gleichartigkeit in der Entwicklung

Stil ist die sichtbare Ordnung eines gesellschaftlichen Zustandes. Stil drückt sich in einer gleichartigen Konfiguration von Formen, Farben und Texturen aus. Stil ist der sichtbar gewordene Ausdruck im Denken und Handeln einer Zeitepoche - der Zeitgeist. Niemand kann diesen Zeitgeist fassen, jeder aber unterliegt ihm.
Autoformen sind Ausdruck ihrer Zeit. Ein beträchtlicher Teil des Wertes eines Fahrzeuges steckt in seiner nicht materiellen Leistung der Stilistik. Stil wird deshalb zu einem wichtigen strategischen Mittel des Marketing. Aus einem erfolgreichen Produktstil erwächst der Markenstil, der einem Unternehmen Identität verleiht.

Erfolgreiche Produktstile werden ganz oder teilweise nachgeahmt. Die Leitbildfunktion entsteht und mit ihr der Zwang zur ständigen Weiterentwicklung und Verbesserung. Stilistische Wandlungen vollziehen sich von Generation zu Generation, also in einem Zeitraum von etwa 25 Jahren. Das Autodesign muß diesen Vorgang beachten und in das Konzept der Fortentwicklung einbeziehen.
Die Strukturform des W 116 aus dem Jahre 1972 verbessert sich beim W 126 von 1979, der mehr als ein Jahrzehnt als Leitbild wirkte. Im neuen W 140 zeigen sich, bei aller Gleichartigkeit, die neuen stilistischen Merkmale der 90er Jahre.

Homogenity in the development

Style reflects the state of society. It expresses itself in a homogeneous functional arrangement of forms, colours and textures. It is the visible expression of intellect and behaviour of an era, the zeitgeist. Zeitgeist is elusive, but everyone succumbs to it.
Car forms are an expression of an era. A considerable part of the car´s value lies in the non-material stylistic achievement of a car. Therefore, style is an important strategic marketing factor. The specific style of a trade mark which indentifies the company, develops from a successful product style. It is normal to see a successful product style being imitated.

Playing the leading role means continual development and improvement. Style changes from generation to generation, meaning over a period of about 25 years.
This is an important consideration for car design and should be included in the development concept.
The structural form of the W 116 from 1972 became the improved W 126 from 1979, which acted as the vanguard for more than a decade. The new W 140, while retaining the homogenity, sports the new stylistic features of the 90s.

S·AM 6740
S·DS 7957
S·KT 5618

Voraussetzung einer erfolgreichen Fortentwicklung ist das richtige Formkonzept. Das Formkonzept von Mercedes-Benz Automobilen basiert auf den frühen Strukturformen der 60er Jahre. Seit diesem Zeitpunkt wird dieses Konzept konsequent verbessert und stilistisch angepaßt. Die Homogenität oder Gleichartigkeit konnte über drei Jahrzehnte beibehalten werden. Der dabei gepflegte Stil wurde Teil einer Unternehmensstrategie.
Die Evolution der Autoform vollzieht sich unter dem Zwang, funktionale und technologische Verbesserungen sichtbar werden zu lassen. Die dabei verwendeten Stilelemente erweisen sich als ein Überschuß an Form - ein Mehr, das über das Notwendige hinausgeht. Stilistische Mittel werden so zu Merkmalen ihrer Zeit.
Auch in der Heckansicht eines Autos läßt sich dessen Herkunft erkennen - im Straßenverkehr sieht man die Autos meist von hinten. Die Anbringung des Markenzeichens alleine genügt nicht. In der Form und Anordnung der Elemente zeigt sich ein Markenstil über Jahrzehnte hinweg.

Successful development is determined by the correct form concept. The form concept of the Mercedes-Benz automobiles is based on the earlier structural form of the 60s. Since then, the form concept has been consistently improved and adapted in style. It was possible to maintain homogenity over three decades. The style applied here became part of company strategy.
The evolution of the car form takes place with the commitment to show functional and technological improvements. The employed style elements prove to be superfluous to the form, a surplus exceeding necessity. Thus, the stylistic features become an inherent characteristic of their era. The car´s "origin" is also recognizable from the rear, the most observed part in normal traffic. It is not just a matter of displaying the badge. It is the form and positioning of the elements which gives the car the particular style, which will last decades.

S-KR 1142
S-KL 4334
S-KT 4998

Die Gleichartigkeit im Programm

Wer zählt die Automarken, kennt alle Autotypen, die sich auf unseren Straßen finden ? Wie erkennen wir Marken und Typen, wie bilden sich deren spezifische Merkmale heraus ?
Eine Marke ist mehr als nur ein Markenzeichen. Eine Automarke muß Profil zeigen, muß in ihrer Form, ihren Einzelheiten, ihrer Gestik erkennbar sein. Je eindeutiger und einprägsamer die Gesamterscheinung ist, um so größer ist ihre Bekanntheit: Das Profil, das Image einer Automarke verlangt nach Identität und Kompetenz. Beides läßt sich nur über das Autodesign aufbauen und verlangt Kontinuität über Generationen hinweg.
Marke und Form eines Autos wirken zusammen und lösen letztendlich den Wunsch nach dessen Besitz aus.

Ein umfangreiches Typenprogramm von Autos der Kompakt-, Mittel- und der Oberklasse schafft zusätzliche Probleme. Bei größtmöglicher markenspezifischer Gleichartigkeit der Autoformen soll trotzdem die Klassenzugehörigkeit erhalten bleiben und erkennbar sein.
Dies läßt sich keineswegs nur über die Größenabmessungen erreichen. Auch über die Gestik der Autoform werden die unterscheidbaren Merkmale geschaffen. Am Beispiel des Kompaktautos W 201 aus dem Jahre 1982 und des Mittelklassewagens W 124 aus dem Jahre 1984 wird der Unterschied zum Oberklassenauto W 140 von 1991 erkennbar.

Homogenity in the program

Who counts the car makes, who knows all the different types on the road? How do we recognize makes and types. How do their specific features take shape?
A make is more than a brand name. A car must have status and be recognizable through its form, details and gestic. The clearer and more impressive the general appearance is, the greater the identification is: The profile, the brand image of the car, requires identity and competence. Both can be achieved in car design and require continuity over generations. Together, the make and form of a car, activate the desire for ownership.

An expansive car program in the compact, middle and upper class produces additional problems. While preserving the highest possible homogenity of the car forms, the class distinction must, nevertheless, be maintained and recognizable. This cannot be achieved only through the size. The gestic of the car also creates individual features. Taking the compact cars W 201 from 1982 and the middle class cars W 124 from 1984 it is easy to recognize the difference to the upper class car W 140 from 1991.

S-KR 1142
S-KL 4334
V12
S-KT 4998
600 SEL

Nur wenn alle zur gleichen Zeit hergestellten Automobile gemeinsame Merkmale aufweisen, entsteht ein Effekt, den die Designer bei Mercedes-Benz als die "horizontale Modellhomogenität" bezeichnen.
Horizontale Homogenität entsteht aus einem Formkonzept, das über viele Jahre hinweg gepflegt wurde und das sich in der Formensprache der drei dargestellten Autotypen gut nachweisen läßt. Der W 201 von 1982 zeigt bereits erste Ansätze einer Erweiterung der gestreckten Strukturformen durch Abschrägung im Dach- und Heckbereich. Die formalen Ausdrucksmittel steigern sich beim W 124 aus dem Jahre 1984. Die gesamte Autoform bekommt einen neuen, zeitgemäßen Ausdruck. Beim W 140 aus dem Jahre 1991 wird diese Ausdrucksform noch weiter gesteigert. Dabei treten neue stilistische Elemente hinzu und lassen die Autoform noch zeitgemäßer erscheinen.
Homogene Kontinuität der Form vollzieht sich nicht nur innerhalb der Evolution einer Autoklasse, sondern umfaßt das gesamte Typenprogramm und deren zeitliche Überschneidung. Berücksichtigt man die durchschnittliche Nutzungsdauer von mehr als 10 Jahren, so ergibt sich ein Straßenbild mit Autoformen aus drei Jahrzehnten.

The effect, which the designers at Mercedes-Benz refer to as the "horizontal model homogenity", can only be achieved, when all models in one era feature common attributes.
Horizontal homogenity arises from a form concept, which has been employed over many years, and which is evident in the three presented car types. The W 201 from 1982 shows the first approach towards an extension of the structural form with its sloping roof and rear. The formal expressions intensify in the W 124 from 1984. The complete car form is up-dated. The W 140 from 1991 will intensify this expression. Here new stylistic elements are added, giving the car a more progressive appearance.
Homogeneous form continuity not only takes place within the evolution of one car class, but also includes the overlapping of the complete program. Considering that the average term of usage is more than ten years, we have a street scene with car forms from three decades.

Faszination der Form

Eine Autoform entsteht

Innerhalb des Mercedes-Benz Typenprogramms übernimmt die S-Klasse als Oberklasse die Leitbildfunktion. Bei solch einem Fahrzeug erwartet man ein in jeder Hinsicht perfektes Produkt. Nicht nur seine Größe und Ausstattung, auch die Motorleistung und die gesamte Technik müssen leitbildhaft und damit allen anderen Autoklassen überlegen sein.
Die Form des W 140 prägt somit die kommenden Automodelle der 90er Jahre. Bei diesem Fahrzeugtyp zeigt sich der Wandel besonders deutlich im Kühlergesicht. Das klassische Element des Kühlers bleibt zwar erhalten, doch ist es nicht mehr von vorne an die Motorhaube angesetzt, sondern in diese eingebettet. Die Motorhaube umschließt den Kühlergrill in einem harmonischen Fluß von Linien und Flächen. Es entsteht ein Ausdruck von harmonischer Ruhe und gleichzeitig spürbarer Kraft.

A car form emerges

The S-class, as the upper class, plays a leading role within the Mercedes-Benz program. In every aspect, absolute perfection is expected of such a car. Not only the size and equipment, but also the performance of the engine and the entire engineering must set an example and be superior to other classes.
Consequently, the form of the W 140 sets the tone for the coming car models of the nineties, whereby the most distinct change can be seen in the face of the radiator grille. The classical elements have remained; no longer joined onto, but embedded into the bonnet itself. The bonnet encloses the radiator grille and a harmonious flow of lines and surfaces arises. The result is an expression of calm harmony but at the same time unmistakable strength.

Kontinuität im Fortschritt

In der sorgfältigen Gestaltung von Einzelteilen zeigt sich die Ausgewogenheit einer Gesamtform. Ein Beispiel hierfür bieten die Lüftungslamellen in der Motorhaube. Die Formgebung und Fugenbildung im Front- und Heckbereich greift die bekannten Formzitate von Mercedes-Benz auf. Insgesamt wird im Außenbereich des Autos weitgehend auf zusätzliche Merkmale verzichtet. Die eigentlich prägende Designleistung konzentriert sich auf die Formführung der Flächen, der Verläufe und Konturen bis hin zu den Fugen und weiteren anderen Details.
Der wertkonservative Gesamteindruck entspricht den Wertvorstellungen seines Kundenkreises.

Continuity in progress

The symmetry of the whole car package is the result of the design of the individual parts. A fine example is the air outlet on the bonnet. The design and the construction of the joints and shut-lines on the front and rear conforms to the well-known form strategy of Mercedes-Benz. Further elements on the surface of the car are largely dispensed with. The main design input now concentrates on the forming of the surfaces, blends and contours, including the joints and other details.
The general impression of conservative values most certainly corresponds to the expectations of Mercedes-Benz clients.

500 SEL
S-KT 4720

Ein Designmodell geht in Produktion

Die im Designmodell erarbeiteten und festgehaltenen ästhetischen Qualitäten müssen bei der sich anschließenden Umsetzung in die industrielle Produktion erhalten bleiben. Technologische Randbedingungen zwingen jedoch zu Änderungen. Mit viel Erfahrung und großem schöpferischen Verhalten muß der Autodesigner solch notwendige Änderungen in sein Gesamtkonzept einfügen.
Je produktionsgünstiger ein Designmodell ist, desto größer ist die Chance seiner optimalen Umsetzung in die Realität.
Dem fertigungsgerechten Design gehört deshalb die Zukunft.

A design-model goes into production

The aesthetic qualities which were achieved and retained in the design-model, must be preserved in the following transformation to full scale production. Certain technological conditions however require modifications. The car designer has to integrate such necessary changes into his overall concept with experience and extreme creative talent.
The more suitable a design-model is for production, the higher the chances are of an optimal transformation.
The design which best suits the requirements of production belongs to the future.

Auswahl der Modellentwicklungen

Bei der Modellentwicklung wird die Suche nach einer neuen, einer als schöner empfundenen Form noch erheblich deutlicher. Erst in der dreidimensionalen Darstellung zeigen sich erste Schwächen eines zeichnerisch dargestellten Entwurfes. Eine Idee, die in der Zeichnung überzeugte, kann am Modell schnell verworfen werden.
In einer bewußten Fortführung bestehender Formkonzepte liegt der Maßstab, nach dem die Vormodelle geprüft werden. Die Vormodellstudien erlauben noch modische und experimentelle Formungen, die später auf schöne und beständige Formen zurückgeführt werden müssen. Die Erfahrung zeigt, daß modische Formen einem rascheren Alterungsprozeß unterliegen als Formen, die über Jahrzehnte hinweg gereift sind.

Design-model development and selection

When developing a design-model, the search for a new , more perceptably beautiful form becomes considerably clearer. The first drawbacks of a graphically presented design cannot be perceived before constructing the three dimentional model. An idea which is convincing on paper may be thrown overboard upon seeing the model.
The criterion on which the pre-model is judged, is the consequent continuity of existing form concepts. The studies in the pre-model stage give room for fashionable and experimental shapes, which later have to be led back to pleasing and lasting forms. Experience teaches us that one tires of fashionable forms more swiftly than those which have matured over decades.

Faszination im Detail

Das beliebteste Detail

Beim Anblick einer Autoform dominieren die glänzenden Lackflächen. Dennoch sind auch die vielen großen und kleinen Details von ebenso großer Bedeutung für die Gesamterscheinung. Nur wenn sich alle Bestandteile eines Autos harmonisch zu einem formalen Ganzen zusammenfügen, entsteht ein schönes und ausgewogenes Auto.
Das Markenzeichen ist dabei ein Bestandteil mit besonders prägendem Charakter für ein Auto. In ihm spiegelt sich die Geschichte der Automarke. Seine Wirkung verstärkt sich, je konsequenter ein Markenzeichen auftritt.
Aus dem Mercedes-Stern und dem Lorbeerkranz von Benz entstand bereits 1926 das heute immer noch gültige Zeichen des Sterns, der am Fuß von einem Lorbeerring umrahmt ist.

The most popular detail

The appearance of a car form is dominated by the shining lacquer finish. But the many large and small details are equally responsible for the whole appearance. Not until all elements are harmoniously combined into a formal entirety, does a beautiful and well-balanced car ensue.
The trade mark is one of the distinctive characterising elements. It reflects the history of the car make. The more systematically a trademark appears, the stronger its effect is.
As early as 1926, the star which still has validity today, came into being with the Mercedes star, and the laurel wreath of Benz which now forms the mounting-base.

MERCEDES
BENZ

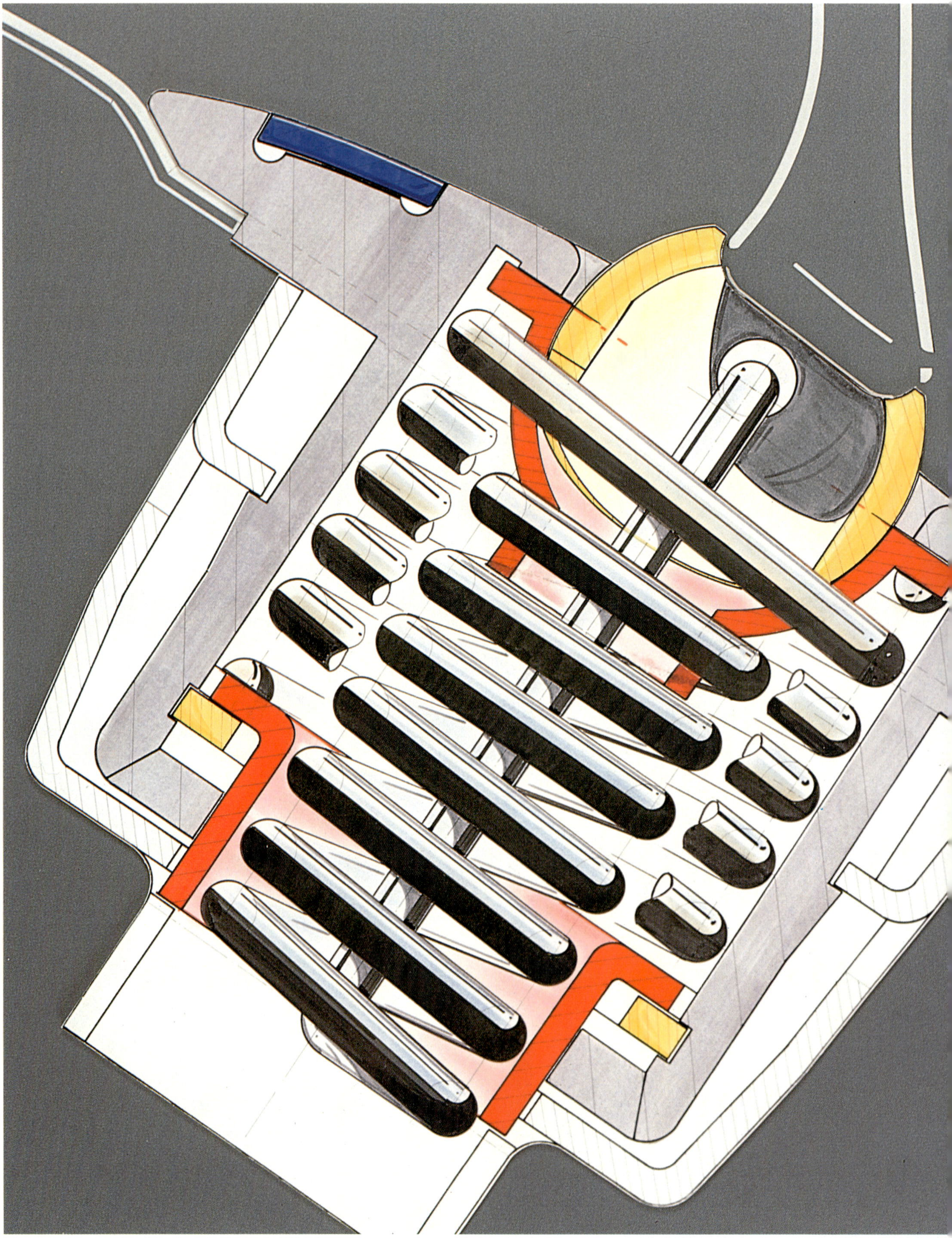

Ein Stern wandert

Kaum ein Markenzeichen der Welt besitzt solch eine Anziehungskraft wie dieser Stern. Täglich müssen fast 4 000 Ersatzsterne produziert werden, um die durch Diebstahl verursachten Verluste auszugleichen.
Einst zierten Stern und Markenrosette den Einfüllstutzen für das Kühlwasser. Später stand der Stern auf der Kühlerattrappe, bis er schließlich auf die Motorhaube wanderte. Jede dieser fortlaufenden Veränderungen löste eine Fülle konstruktiver Modifikationen in seiner mechanischen Befestigung aus, bei denen auch die Belange des Unfallschutzes mit einbezogen werden mußten. So kam es im Laufe der Zeit zu der beweglichen Befestigung des Sterns.

A star finds its place

There is hardly a trade mark in the world which has the same strong appeal as this star. In spite of a theft deterrant, almost 4000 have to be produced daily, in order to compensate for the losses caused by souvenir hunters.
At one time the star and its rosette adorned the filler pipe for the radiator. Later it was situated on the mock radiator grille, until it finally came to rest on the bonnet. Each of these successive changes caused an abundance of constructive alterations to the mechanical fixture. In the course of time the consideration of preventing accidental injury brought about the moveable fixture of the star.

Eine neue Oberfläche: HÄMATIT

Im Bereich der Fensteröffnung treffen unterschiedliche Formen, Farben und Oberflächen aufeinander. Glasflächen werden umfaßt von Metallprofilen, mit Gummileisten abgedeckt und in die Lackfläche des Fahrzeuges eingefügt.
Es darf nichts dem Zufall überlassen bleiben, denn die Güte einer Gestaltung zeigt sich gerade in diesen äußerst kritischen Bereichen. Nur wenn alle Elemente mit ihren unterschiedlichen Materialeigenschaften zusammen ein harmonisches Ganzes bilden, entsteht die überzeugende Autoform.

Profile aus Leichtmetall sind zierende und überdeckende Bestandteile der Autoform.
Die ursprünglich verchromten Messingteile wurden im Laufe der stilistischen Entwicklung durch leichtere, hochglänzende Aluminiumteile ersetzt. Eine Tendenz zu größeren Fensterflächen am Auto löste die Suche nach einer neuartigen Oberfläche für Profile aus. Diese neue Oberfläche sollte sich möglichst unauffällig in die Glasflächen einfügen und sich zudem der jeweiligen Autolackfarbe harmonisch anpassen.

A new finish: HÄMATIT

In the area of the window opening, several different forms, colours and surfaces meet. The glass panes are surrounded by metal profiles with integrated rubber seals, which are in turn fitted into the lacquered bodywork of the vehicle. Nothing can be left to chance, because the quality of design is particularly evident in these extremely critical areas. When a harmonious entity of all elements, with their different material properties develops, then and only then does the convincing car form emerge.

Lightmetal profiles serve to enhance and cover components in the car form.
During the course of development, the initially chromium-plated brass parts were replaced by lighter, high-gloss aluminium components. The design trend towards larger windows triggered the search for a new profile finish. This new finish was to be as inconspicuous as possible and adapt harmoniously to the tones of the car lacquer.

Auf der Suche nach einem möglichst neutralen Farbton mit glänzender Oberfläche wurden unzählige Versuche unternommen.
Das Ergebnis schließlich ist eine dunkle, glänzende Oberfläche in einem Farbton, der mit allen Autofarben harmoniert. HÄMATIT, benannt nach der Farbe eines Halbedelsteins, heißt die neue Oberfläche.
Die technologische Umsetzung dieser neuen Oberfläche HÄMATIT vollzieht sich in einem mehrstufigen Produktionsablauf. Dabei entstehen aus stranggepreßten Aluminiumprofilen Leisten und Abdeckungen. Durch Biegen, Beschneiden und Schweißverbinden erhalten diese Teile ihre endgültige Form. Der Oberflächenglanz entsteht im letzten Arbeitsgang durch einen aufwendigen Schleif-, Polier- und Glänzungsprozeß.

Many tests were carried out in the search for a neutral tone with a gloss finish.
The final result is a dark, gloss finish in a tone, which harmonizes with all of the car colours. HÄMATIT, named after the semi precious stone haematite, is the new finish.
The technical realization of this finish in the production process takes place in several stages. Trims and coverings are formed from extruded aluminium profiles. The ultimate component is achieved by forming, cutting and connecting by welding. In the last operation the gloss finish is applied after an extensive grinding and polishing process.

Eine Leiste wird zweifarbig

Es erschien so einfach, eine neue Leiste zu entwickeln. Der Leiste sollte mehr Brillanz verliehen werden, so die Forderung der Designer. Gleichzeitig wurde die Idee geboren, die Leiste zweifarbig zu gestalten, glänzend blank und dunkel hämatitfarbig.
Die Entwicklung dieser Leiste dauerte zwei Jahre, bis schließlich eine akzeptable Lösung erarbeitet werden konnte. Zunächst wurde vergeblich versucht, aus einem einteiligen Aluminium-Profil durch zweimaliges elektrolytisches Glanzeloxieren und Färben die gewünschte Zweifarbigkeit zu erzeugen. Jedoch erst die Idee einer aus zwei Profilen zusammengesteckten Leiste brachte eine rundum brauchbare, qualitativ hochwertige Lösung der geforderten Zweifarbigkeit.

The trim becomes two-coloured

The idea to develop a new trim seemed so simple. According to the requirements of the designers, the trim was to be provided with more brilliance. At the same time, the idea to make the trim two-toned was born; gloss polished and in dark HÄMATIT.
It took two years of development on this trim until finally an acceptable solution could be applied. The first attempts to produce a single aluminium profile in the desired two-toned effect by applying colour in a two-staged electrolytic gloss anodising process were in vain. The idea to make trim by using two profiles brought the breakthrough. The profiles joined together would produce the suitable high-class two-toned solution.

Ein neuer Farbton: BORNIT

Am Anfang der Entwicklung eines Farbtons stehen die Farbwünsche des Marktes, ausgelöst durch modische Farbtrends bei Textilien, im Design, der Architektur und in den Medien. Aber auch die Entwicklung neuer Farbstoffe kann zu neuen Farbtönen führen.
In diesem Fall wurde ein schimmernder, violetter Farbton gesucht und schließlich gefunden.
Mit der Fertigung einer ersten Tonne Versuchslack begann ein umfangreiches, mehrjähriges Testprogramm. Erst wenn die Qualität und die erwünschte Farbwirkung stimmen, erfolgt die Umsetzung in einer Versuchsanlage, die den späteren Produktionsbedingungen entspricht.

A new tone: BORNIT

The development of a tone begins with the requirements of the market, which is triggered by the colour trends in fashion, in textiles, in design, in architecture and in the media. The development of new dyestuffs can also lead to a new tone. In this case a lustrous, violet tone was the objective and in the end was successfully found. After the manufacture of the first tonne of experimental lacquer, an extensive test program, lasting several years was initiated. Only once the quality and the desired colour effect were achieved, were the experiments carried out in a pilot production plant, where true production conditions are emulated.

CENTRIC
12-0752
16-6444
17-1654
19-4013
EN IN %
Zielgruppen
I
II
III
15,2
15,3
19,6
In der nebenstehenden Grafik sind die einzelnen Farbfamilien in ihren jeweiligen Anteilen (in %) am Gesamt-Mode-Spektrum für Kleider FS 89 dargestellt. Die Pfeile deuten die Tendenz in den einzelnen Zielgruppen an.
sehr stark steigend
stark steigend
steigend
gleichbleibend
fallend
stark fallend
sehr stark fallend
BORNIT DB 8

Der neue Farbton BORNIT ergänzt das bestehende Farbprogramm und ersetzt einen Farbton, der sich überlebt hat. BORNIT ist eine Metallic-Farbe, die zwischen Rot- und Blautönen anzusiedeln ist und der modischen Tendenz zu dezenten Mischfarben entspricht.
Natürlich paßt der violette Schimmer von BORNIT gut zu einer roten oder blauen Innenausstattung. Die farbliche Abstimmung von Interieur und Außenhaut des Autos erfolgt unter der Berücksichtigung verschiedener Werkstoffe und Oberflächen. Alle Farbwerte zusammen ergeben den angestrebten Gesamteindruck von Ruhe, Großzügigkeit und Harmonie.

The new colour tone BORNIT complements the colour program and replaces a tone which no longer meets the requirements. BORNIT is a metillic tone, in the regions between red and blue tones, and complies with the tendency towards subdued blended tones.
It goes without saying, that the violet gleam of BORNIT harmonizes well with the red or blue interior of the car. The coordination of the col - ours of the interior and exterior takes place while considering different materials and surfaces. All these colour values together bring about the intended general impression of calmness, generosity and harmony.

Auf den gewölbten Flächen der Autoform kommt der Farbton BORNIT voll zu seiner Geltung. Ein sanfter Schimmer überlagert den gedeckten metallischen Grauwert. Die dunkelvioletten Farben der Trauben und Beeren aus der Natur boten dem Farbton BORNIT eine willkommene Vorlage. BORNIT ist ein Farbton, der herausfordert, ein Farbton für Mutige, in dem ein Stück Zeitgeist spürbar wird.

BORNIT is most effective on the curved surfaces of the car form. A soft gleam overlays the subdued metallic grey basecoat. BORNIT took its hues from the dark violet colours of grapes and berries. This is a challenging tone, a tone for the courageous where the zeitgeist - the spirit of our times - makes itself felt.

V12

MERCEDES-BENZ

Ein Griff im Wandel

Die Innenausstattung eines Autos besteht aus vielen Teilen. Jedes dieser Teile verlangt eine sorgfältige Gestaltung. Vom Entwurf bis zum Prototyp erfährt die Form dabei produktionstechnische Anpassungen.
Der Griff an der Innentür des Autos ist einer dieser vielen Bestandteile der Innenausstattung und muß sich somit harmonisch in eine Umgebung verschiedener Oberflächen einfügen.
Das Hartschaummodell zeigt eine schöne, geometrische Grifform. Die Formung in Polymerfolie ergab jedoch zunächst eine störende Trennfuge. Die gewünschte fugenlose Formgebung aus Plastosolhaut führte schließlich zu einer Griff-Lösung aus mehreren Teilen.
Erst die einteilige Lösung mit unsichtbarer Fuge im darauffolgenden Entwicklungsstadium entsprach den angestrebten Designansprüchen.

A grip in the process of change

The interior of a car consists of many parts. Each part requires meticulous design. From the concept to the prototype, the form is continuously adapted to satisfy technical production requirements.
The inside door grip is one of the many components in the interior and must therefore be fitted harmoniously into a surrounding, where different surfaces meet.
The hard foam model shows a fine, geometric grip form. But the forming in polymer sheet resulted in an unpleasing joint. The desired jointless form, using plastosol skin finally led to a solution which used several parts.
The solution to use one part with invisible joints in the following development stage corresponded to the high design standards.

3
2
1

3
P
EC
REST
C/F
AUTO
AUTO
AUTO
0

Ein Deckel schwingt auf

Es gibt viele kleine Nützlichkeiten, die das Leben im Auto angenehmer machen. Hierzu zählt das neue Brillenfach in der Instrumententafel.
Ein leichter Tastendruck läßt dieses sanft aufschwingen. Ein sanfter Deckeldruck schließt es wieder.
Was so einfach aussieht, verlangt intensive Entwicklungsarbeit. In unzähligen Versuchsreihen wurde anhand von Musterteilen die Produktions- und Serienreife des neuen Produktes erprobt.

A lid swings gently open

There are many small items, which make life more pleasant in the car. The new glasses compartment on the dashboard can be counted as one of these. It swings open at the light touch of a push button, and can be closed again by gently pushing the compartment lid down.
Such a simple looking detail, requires intensive development work. Using sample parts in numerous test runs, it was endeavoured to find the part most suitable for full-scale production.

Die Idee eines beleuchteten Fondspiegels

Schon seit langem ist der Spiegel in der abklappbaren Sonnenblende ein nützliches Zubehör für Beifahrer oder Beifahrerin. In großen Reiselimousinen wird viel häufiger der Fondbereich genutzt. Es lag daher nahe, für derartige Autos den Komfort eines beleuchteten Fondspiegels im Dach zu bieten.
Die Idee, als Funktionsmuster vorgestellt, fand die Zustimmung der Designer. Die Gestaltung des Spiegels mußte sich den formalen Bedingungen der Innenausstattung zuordnen lassen und gleichzeitig den Produktionstechniken entsprechen.

The idea of an illuminated rear-seat mirror

The mirror on the inside of the sun visor has been a usefull accessory for passengers for some time now. In large touring limosines the rear seat is more often used. What could be more at hand than to offer such cars the comfort of an illuminated rear seat mirror incorporated into the roof-lining. The function model, when introduced to the designers met with approval. The design of the mirror had to relate to the formal conditions of the interior and at the same time correspond with the production engineering.

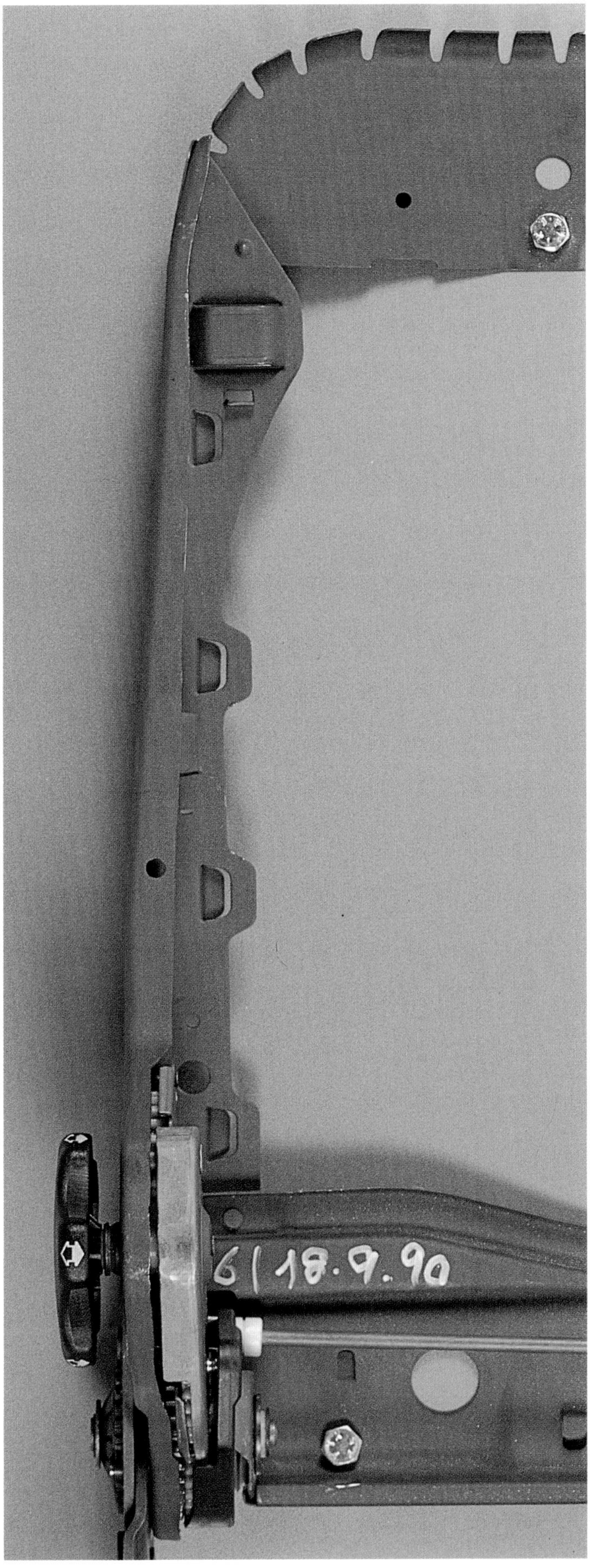

Ein Knopf mit zwei Funktionen

Jahrzehntelange Erfahrung in der Entwicklung und Fertigung von Verstellmechanismen für Autositze stecken hinter einem Knopf, mit dem sich sowohl Rückenlehnenneigung als auch Kopfstützenhöhe einstellen lassen.
So einfach die Handhabung dieses Knopfes ist, so kompliziert ist der Wirkmechanismus, der sich hinter ihm verbirgt. Aus vielen einzelnen Zahnrädern, Lagern, Stangen und Federscheiben entsteht das Wirkgefüge, das die geforderten Funktionen gewährleistet und Rückenlehne sowie Kopfstütze in jede gewünschte Position bringt.

A bi-functional knob

Decades of experience in developing and producing adjusting devices lie behind this knob, which not only adjusts the slope of the seat but also the height of the headrest.
The knob is so easy to operate that it implies nothing of the complicated mechanism behind it. Many individual gears, bearings, shafts and springwashers are used to build this effective mechanism, which will guarantee the required function and bring the backrest and the headrest into every desirable position.

Der Knall, der Leben rettet

Der Airbag, ein in das Lenkrad eingebauter Luftsack, der sich bei Gefahr mittels eines Gasgenerators bitzschnell aufbläst, ist ein erstklassiges Sicherheitselement des Autos.
Sowohl der Luftsack als auch der Gasgenerator benötigen Raum. Dennoch sollen sie formschlüssig in die Mitte des Lenkrads eingefügt werden, ohne daß das Lenkrad dadurch klobig wirkt. Hier sind Designmaßnahmen gefragt, die bewirken, daß das Volumen des Airbags optisch zurückgedrängt wird und die gewünschte elegante, leichte Lenkradform erhalten bleibt.
Seit 1971 verwendet Mercedes-Benz die Form eines Vier-Speichen-Lenkrads aus elastischem Polymerwerkstoff (PU). Im Jahre 1980 begann man den Airbag einzubauen. Es gelang eine neue Lenkradform zu entwickeln, die sich nur unwesentlich von ihrem Vorläufer unterscheidet. Somit konnte erneut die Kontinuität in der Formgebung gewahrt bleiben.

The explosion that saves lives

The airbag is a first class safety precaution in the car. Built into the steering wheel, it inflates in a split-second by means of a gas generator.
Both the airbag and the gas generator need room. Nevertheless, they are to be elegantly integrated into the steering wheel without it appearing bulky. In this case the design challenge is to optically reduce the volume of the airbag while retaining the elegant, light steering wheel form.
Since 1971 Mercedes-Benz has been using a four spoke steering wheel made from an elastic polymer material (PU). In 1980 the airbag began to be installed. A new steering wheel form was successfully developed, which differed only slightly from its predecessor. Therefore ensuring once again the continuity of form.

km/h
SRS
AIRBAG

Ein Griff wird griffig

Der erste körperliche Kontakt mit der Autoform erfolgt über den Türgriff. Die Hand erfühlt die Autoform, das Auge hingegen läßt die Form nur optisch erkennen. Härte, Weichheit, Kühle und Wärme sind Eigenschaften, die man nur erfühlen kann.
Aus der Spannung zwischen dem kühlem, glatten Metall der Autohaut und dem warmen, matten Polyamid des Türgriffes entsteht eine Qualitätsanmutung, die dem Wert des Autos entspricht. Unterstützt wird dieses Greiferlebnis durch fugenlose Materialübergänge und den satten Klang des Schließens.

A handle with substance

Our first physical contact with the car is the door handle. The hand senses the car form, whereas the eye allows the form to be perceived optically. Only the senses register qualities such as hardness, softness, coolness and warmth.
From the suspense of the cool, smooth metal of the car body and the contrasting warm, matt polyamide of the door handle a manifestation of quality ensues, which corresponds to the value of the car. This experience is enhanced by jointless material connections and the rich sound of the door closing.

Ein Eckenabschluß wird geformt

Man kann kaum glauben, welcher Aufwand hinter einem so kleinen Karosseriedetail wie dem Abschluß einer Profilleiste steckt. Doch gerade an solch scheinbar unbedeutenden Einzelteilen läßt sich die Qualität des Autos und seiner Formgebung erkennen.
Bei genauem Betrachten dieser Fensterschachtleiste erkennt man, daß sie aus zwei Aluminium-Profilen, die unterschiedlich gefärbt sind, besteht. Es bedarf eines zehnstufigen Produktionsprozesses, bis die einbaufertige Profilleiste mit ihren ausgeformten Kopfenden entsteht: Ausklinken, Planfräsen, Ziehen, Beschneiden und Verkröpfen, Nachschneiden, Polieren und abschließend die galvanische Oberflächenerzeugung.

An end detail is formed

It is difficult to believe what steps lie behind such a small detail as a trim profile. But it is these so seemingly unimportant details which make the quality of the car and its form recognisable.
A more precise inspection of the window retraction slot, reveals that it consists of two aluminium profiles, each with a different tone.
A ten-staged production process is required before the trim with its shaped end is completed. Punching, horizontal milling, drawing, cutting and bending, recutting, polishing and finally the application of the galvanic plating.

Das Status-Zeichen

Man sieht sie und wertet sie, die Typenkennzeichen am Heck eines jeden Autos. Es sind die Zeichen zum Hoch- oder Tiefstapeln. Wer kennt ihn nicht, den Snob, der ohne das erwartete Typenkennzeichen fährt. Der heimliche Angeber hingegen verwendet ein Zeichen, das mehr verspricht.
Lange wurden die Typenkennzeichen mit Stiften im Blech der Autokarosserie verankert. Dabei verband ein Balken die einzelnen Buchstaben und Ziffern. Inzwischen haften die neuen Typenkennzeichen mit Hilfe moderner Klebetechnik. Buchstaben und Ziffern werden einzeln festgeklebt, so daß der Verbindungsbalken entfällt. Auch dies ist eine Weiterentwicklung im Detail, die zur Schönheit der Gesamterscheinung des Fahrzeugs beiträgt.

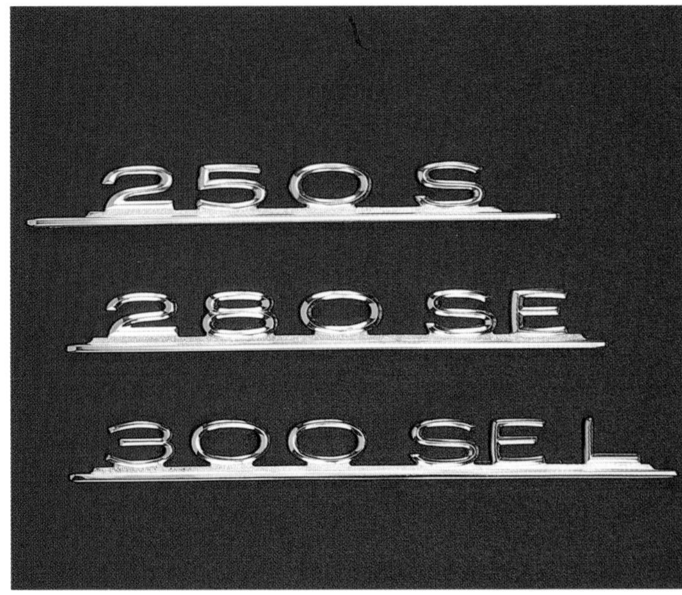

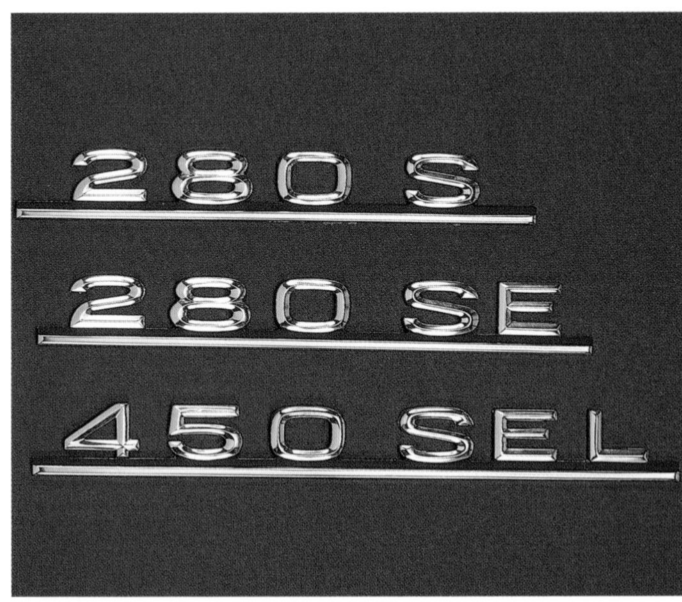

A sign of status

They are seen and judged; the symbols on the rear of each and every car. The symbols of over or understatement. Take for example, the well-known snob, who drives without the expected symbol. On the other hand there is the secret boaster who displays a symbol which promises more.
For a long time the class designation was anchored into the car body by metal pins. The individual letters and numerals being connected by a strip. In the meantime the new designations are fixed to the car by means of modern adhesive techniques.
Each number or letter is fixed individually, making the connecting strip unnecessary. This is also a further development of a detail on the car, which contributes to the beauty of the general appearance.

300 SE
400 SE
600 SEL

Eine neue Radform

Das Rad ist das optische Element des Autos, das dessen Funktion am eindeutigsten vermittelt. Ohne die Räder gibt es keine Fortbewegung. Dieses prägende Element „Autorad" läßt sich einerseits harmonisch in die Autoform einfügen, andererseits kann es als zusätzliches Merkmal der Autoform benutzt werden.
In Entwürfen und Modellen wird immer wieder nach neuen, gestaltprägenden Formvarianten der Räder gesucht. Die Vielzahl der schon vorhandenen Formen macht es für den Autodesigner zunehmend schwierig, eine noch nicht bekannte und dennoch technisch überzeugende Radform zu finden.

A new wheel form

The wheel is the visual element of the car which most clearly conveys its function. Without wheels there is no movement. This marking element - car wheel - can be integrated harmoniously into the car form , on the other hand it can be employed as an additional feature of the car form.
In concepts and models, endeavours are undertaken again and again to find new variations of the wheel form, which will leave their mark. The multitude of already existing forms, makes it increasingly difficult to find an unknown and at the same time technically convincing wheel form.

Das zweite Gesicht des Rades

Durch die Erfindung des geschmiedeten Leichtmetall-Rades rückte das Design des Autorades erneut ins Bewußtsein. Es entstanden Rad-Formen, die zu kennzeichnenden Merkmalen der Automarken wurden.
Betrachtet man das Leichtmetall-Rad von seiner Rückseite, so erkennt man die durch technische Funktionalität bestimmten Formen, die fast mit der gestalteten Vorderseite in Wettstreit treten könnten.

The other face of the wheel

The invention of the forged light-metal wheel revived the interest in designing new wheels. Wheel forms originated which became characterising features of the individual car makes. Viewing the light-metal wheel from the inside, it becomes evident that forms are determined by their technical functionality. These forms are almost compatible with the visible front of the wheel.

Geschmiedete Autoräder aus Leichtmetall bieten gute Tragfähigkeit bei geringem Eigengewicht. Sie weisen aber auch ausreichende Sicherheitsreserven in Grenzsituationen des Fahrens und bei Unfällen auf.
Die spannungsfreie Herstellung eines Leichtmetall-Rades erfolgt aus einem Stück Leichtmetallwerkstoff. Es wird in mehreren Stufen durch Pressen unter sehr hohem Druck komplett mit Nabe und Felgenbett geformt.

Forged light-metal car wheels offer good load-carrying capacity, while weighing little themselves. They also possess sufficient safety reserves in critical situations and accidents.
The stress-relieved light-metal wheel is produced in one single piece. It is formed in several stages by high pressure moulding complete with its rim and its hub.

Das Autorad - Ausdruck und Inbegriff der drehenden Bewegung - wird zu einem Symbol. Neben die Symbolik des Autogesichts tritt die Symbolik der Radform als wichtiges, charakterisierendes Merkmal eines Autos. So wird das Erscheinungsbild einer Automarke durch die Formgebung des Rades geprägt.

The car wheel - expression and quintessence of rotational movement - becomes a symbol. The symbolism of the wheel form takes its place beside the symbolism of the car face. The design of the wheel is a further point which plays an important role in determining the image of a car make.

Faszination der Vision

Die Suche nach neuen Autoformen

Man träumt in vielen Augenblicken seines Lebens, dabei sind Träume weder durch Zeit noch Raum begrenzt. In ihnen werden Wünsche des Daseins, der Liebe, der Stärke, der Sicherheit oder des Erfolges erweckt und durchlebt. Es steigen Bilder in uns auf - Visionen neuer Autoformen entstehen.
Die Fähigkeit zur Vision ist eine Voraussetzung für das Design neuer Autoformen. Die Forderungen nach Zweckmäßigkeit, nach Gebrauchsfähigkeit und technischer Realisierbarkeit treten erst später hinzu.
An der Bergischen Universität in Wuppertal wird versucht, diesen Visionen Gestalt zu verleihen. Anhand von Studien- und Forschungsarbeiten sollen nun Beispiele von Visionen aufgezeigt werden. Immer wieder wird dabei der Versuch unternommen, Formen als Symbole für die Bewegung, für das Auto zu ersinnen und mittels Zeichnungen und Modellen festzuhalten.

The search for new car forms

We dream in many moments of our lives. Dreams are neither limited by time nor space. Here, wishes of existence, love, strength, security or of success are revived or experienced. Pictures appear before our mind's eye - visions of new car forms arise.
The ability to have vision is one of the essential requirements in designing new car forms. The necessity of achieving functionality, efficiency and technical realization arises later.
At the Bergische Universität in Wuppertal, a project group is working on how to give these visions shape. By means of study and research work, examples of visions are demonstrated. Again and again tests are made to devise forms as symbols of movement for the car and then to capture them in drawings and models.

Design - nicht nur äußerlich

Nicht nur in der Suche nach neuen Außenformen erschöpft sich die Vision, auch bezüglich des Interieurs verändern sich die Wünsche und Vorstellungen der Autofahrer. So muß ebenso über die Zukunft des Fahrzeug-Innenraums nachgedacht werden.
Hier steht vorrangig die Benutzerfreundlichkeit im Mittelpunkt der Gestaltung. Die Anzeigen, Griffe und Schalter drücken Hochtechnologie aus. Sie müssen einsichtig und verständlich in Funktion und räumlicher Anordnung sein.
Es genügt heute nicht mehr, daß ein Auto nur fährt. Es muß Sicherheitsstandards gerecht werden und zudem Erlebnisse vermitteln. Durch seine Formen, Farben, Zeichen und Texturen soll das Auto zeigen, was es kann und gleichzeitig einen angenehmen Lebensraum bieten.

Design - not only the exterior

Vision not only exhausts itself in the search for new exterior forms. The wishes and expectations of the drivers, with regard to the interior, also change. Therefore, the future of the interior must also be taken into consideration.
With the interior, design is first and foremost focused on creating a pleasing atmosphere for the user. As the instruments, buttons and switches represent high technology, they must be sensible and understandable in their function and arrangement. It is not enough nowadays that a car just runs. It must meet safey standards and in addition convey a feeling of superiority. Through its forms, colours and textures, the car must demonstrate its capability and at the same time offer a pleasing lebensraum.

Die symbolische Form des Autos

Symbole sind Zeichen, die etwas ausdrücken. Formen, Farben oder Stoffe sind solche Zeichen, die uns einen Gegenstand erkennbar machen und zudem vermitteln, was der Gegenstand zu tun vermag.
Das Wesenszeichen des Autos ist das Prinzip der Bewegung. Es verdeutlicht sich durch viele Anzeichen: in der Form des Rades, der Pfeilform des Keils, der Tropfenform des Fließens, der Wellenform der Schwingung ...
Aus Anzeichen entstehen Formen, die Formen basieren auf einem Konzept, das Konzept bedarf einer technischen Struktur, und die Struktur wird schließlich zwischen Suchen und Finden in der Form sichtbar. Ein Kreislauf, dessen Anfang und Ende nicht bestimmbar ist.

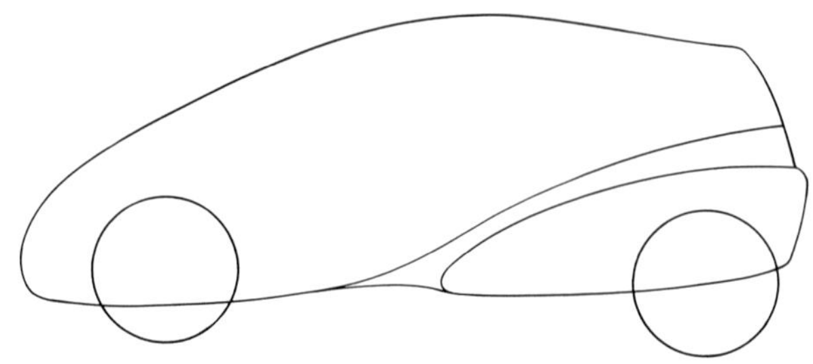

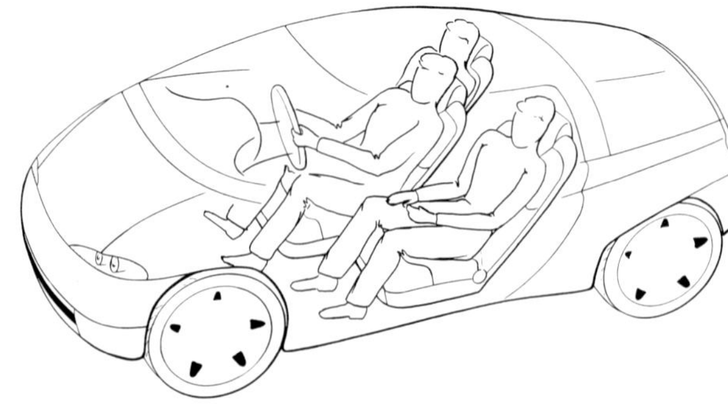

The symbolic form of the car

Symbols are signs with deeper meanings. Forms, colours or materials are such signs, which enable us to recognise an object and in addition convey its capability.
The essential function of the car is the principle of movement, which is illustrated in many elements: The form of the wheels, the swept-back form of the wedge, the tear-drop form to show flow, the undulating forms...
Forms develop from symbols. The forms are based on a concept. The concept requires a technical structure and eventually, in between searching and finding, the stucture becomes visible in the form. A cycle where beginning and end cannot be determined.

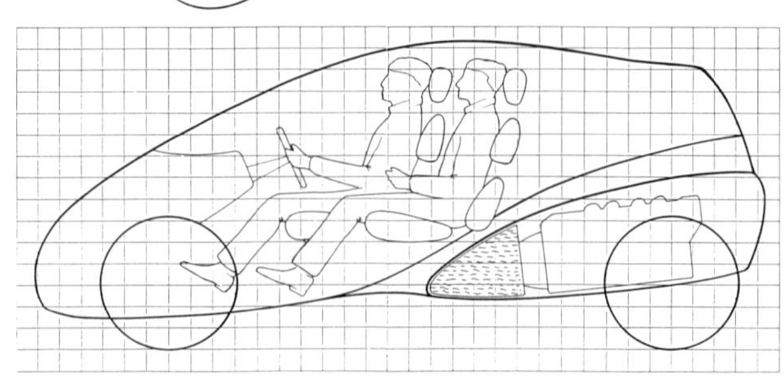

Die Sonne liefert die PS

Luftverschmutzung, Lärmbelästigung und steigende Verkehrsdichte zwingen zum Nachdenken über andere Antriebskonzepte für Fahrzeuge. Spätestens seit dem Beschluß, im Großraum von Los Angeles, USA, ab dem Jahre 2007 keine benzin- oder dieselgetriebenen Fahrzeuge mehr zuzulassen, wächst die Aufmerksamkeit und das Interesse an alternativen Fahrzeugsystemen. Einen Lösungsansatz stellt das Solarmobil mit Hybridantrieb dar, da 97% aller Autofahrten kürzer als 50 km sind und sogar 50% unter einer Entfernung von 5 km liegen. Für all diese Kurzstreckenfahrten eignet sich ein Solarmobil. Dieses hat noch keine eigene Formensprache entwickelt. Die Funktion des Lichtsammelns verlangt nach anderen als den heute bekannten Formen. Warum sollen Solarmobile so aussehen wie die heutigen Autos ?

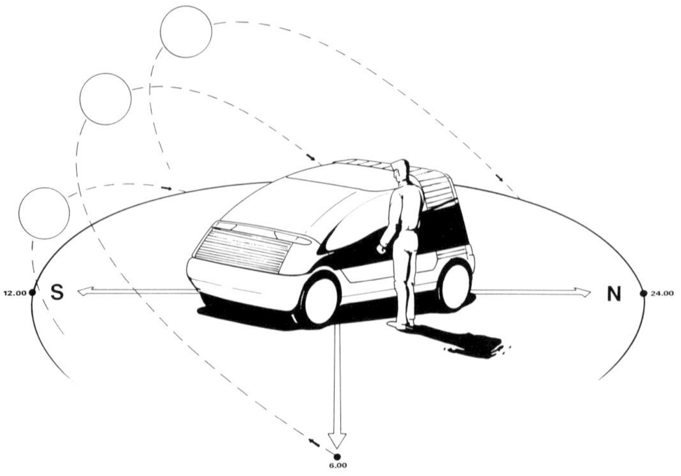

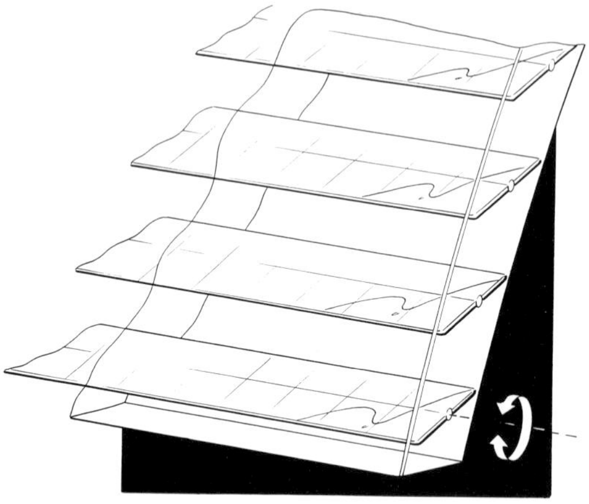

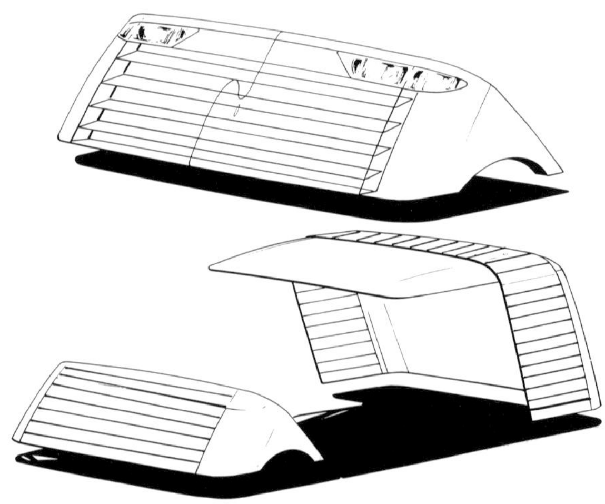

Horse-power from the sun

Air pollution, high noise levels and increasing traffic density make it necessary to consider other drive-concepts for vehicles. Since the resolution prohibiting petroleum driven vehicles in the Greater Los Angeles area / USA as from the year 2007, attention and interest in alternatively driven vehicles has been growing.
As 97% of all car trips are shorter than 50km, and even 50% do not drive more than 5km, an approach to the solution is the hybrid driven Solarmobil. The Solarmobil is suitable for such short distance drives. Till now it has not developed its own form design. The function of collecting light requires different forms than we know today. Why should solar vehicles resemble cars of today?

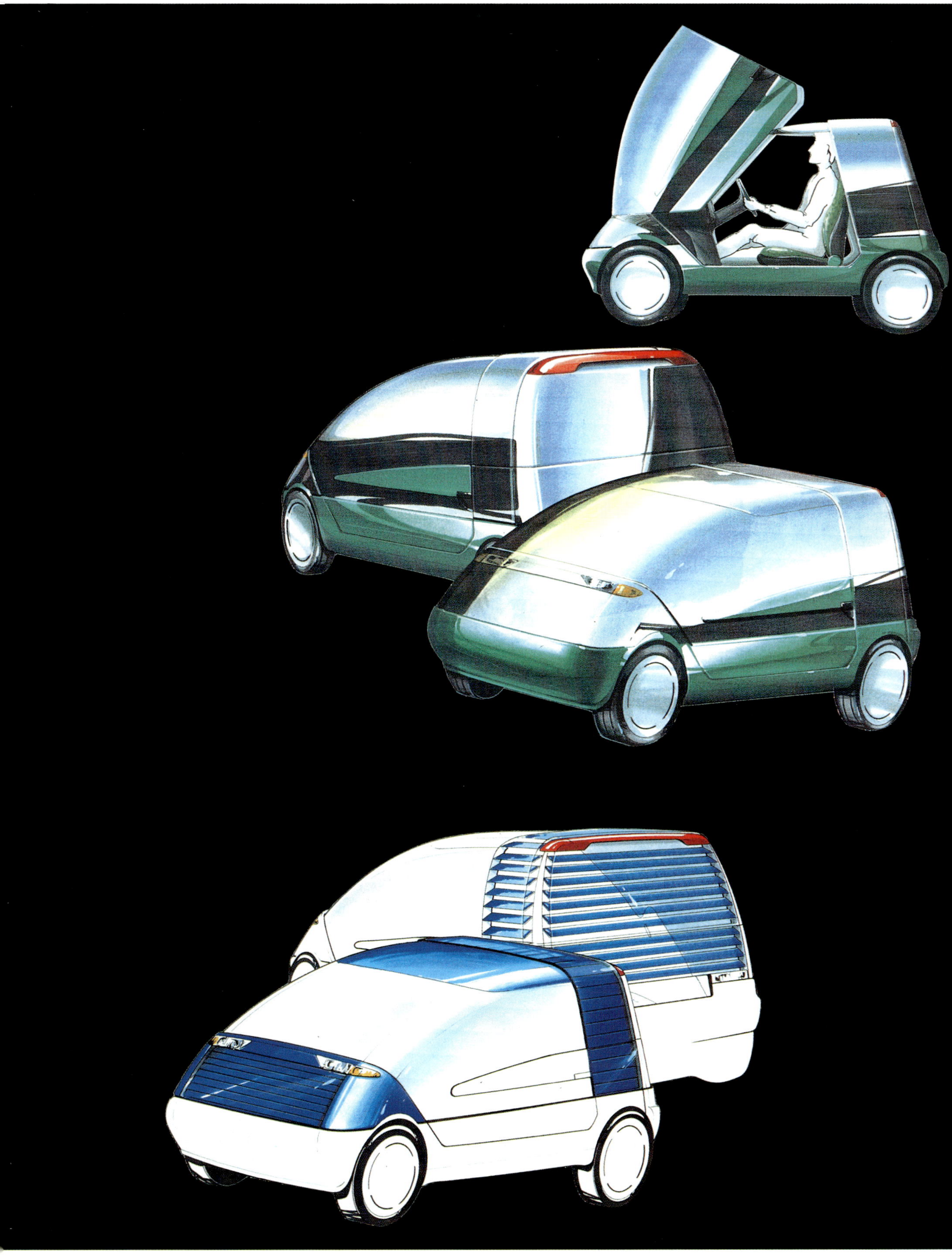

Die Vielfalt der Form

Der Wunsch vieler Autofahrer nach einem kompakten, aber dennoch geräumigen Fahrzeug läßt sich nicht durch eine Verkleinerung gängiger Autotypen erreichen. Die Mehrzahl der heutigen Autos mit fünf Sitzen befriedigt nur Scheinbedürfnisse, denn wer braucht schon diese fünf Sitze?
Das Auto wird sich spezialisieren, und die Autoformen werden sich dementsprechend wandeln. In der Zukunft wird es ein größeres Angebot an Automobilvarianten geben. Die unterschiedlichen Bedürfnisse einer multikulturellen Gesellschaft verlangen nach unterschiedlich angepaßten Autoformen.
So liegt die Zukunft der Autoform in der Faszination ihrer Vielfalt.

Diversity of form

Many car drivers want a compact but spacious vehicle. This cannot be achieved just by making popular car forms smaller. Most of today´s five-seaters only satisfy pseudo needs. Who really requires these five seats?
The car will specialize to needs and the car form will change accordingly. In future there will be an even greater number of car variations. The different requirements of a multi-cultural society demand different car forms, which are adapted to their needs.
Therefore, the future of the car form is to be found in the fascination of diversity.

Der Minitrans - ein neuer Typ

Neue Autoformen entstehen auch durch neue Autotypen. Der Minitrans ist ein Auto für Transporte in Freizeit und Beruf - ohne nutzlose Sitzreihen, schnell zu beladen, kompakt in seinen Abmessungen und dennoch in einer Form, die Spaß macht.
Gerade an den Randbereichen des existierenden Marktes gibt es bereits heute eine Fülle unterschiedlich unausgesprochener Wünsche. Diese sind noch verschwommen und bedürfen der Umsetzung in Form und Farbe.

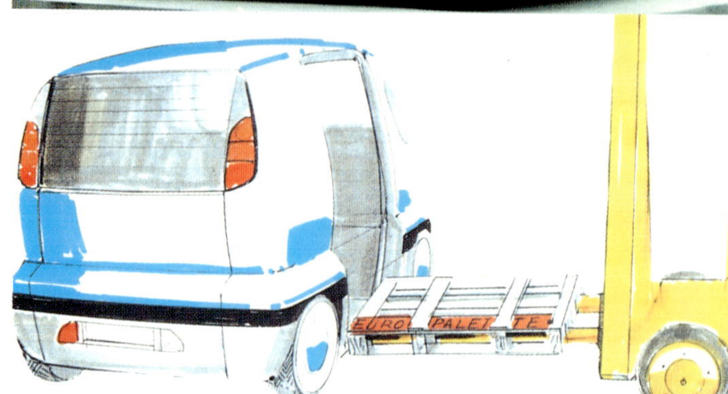

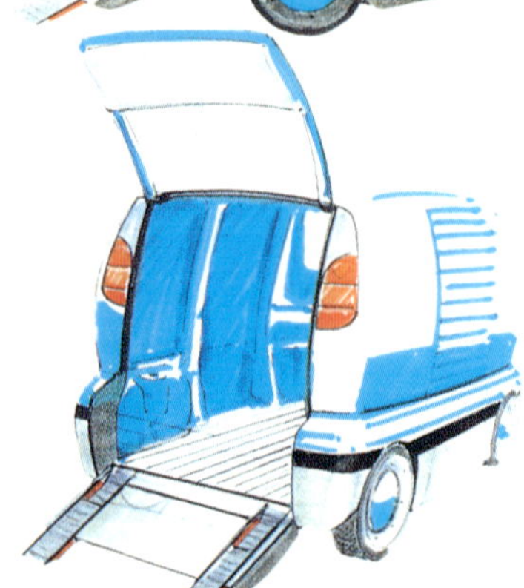

The Minitrans - a new type

New car forms also develop from new car types. The Minitrans is a car for transport during leisure time and at work - without unnecessary seats, quickly loaded, compact in its measurements, and at the same time in a form which makes fun.
Especially on the fringe of the existing market, there are already a multitude of wishes. These are still somewhat vague and need to be realised in form and colour.

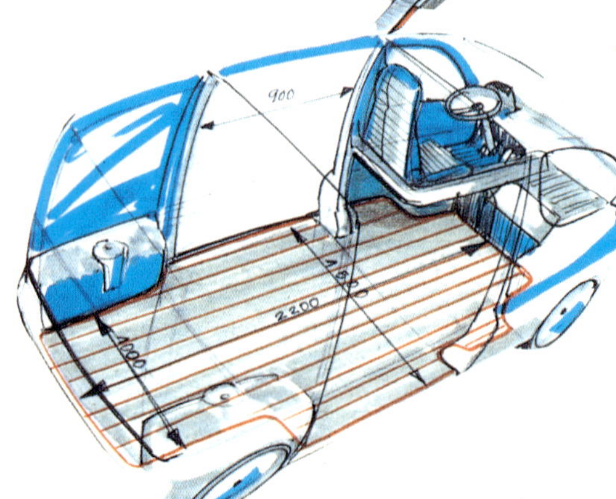

MINI TRANS
TRANS

Minitrac - das Anhängerauto

Einen weiteren Wunsch könnte der Minitrac erfüllen - ein Auto mit Anhänger. In der Regel sind Anhänger eher klobige Anhängsel. Der formale Unterschied zwischen Auto und Anhänger wird dabei immer sichtbarer: Je schöner die Autos werden, um so häßlicher wirken ihre passiven Begleiter. Warum müssen Gespanne dieser Art eigentlich so unförmig sein?

Minitrac - the trailer car

The Minitrac could satisfy another wish; a car with a trailer. Usually trailers are an ugly appendage at the back of the car. The formal difference between car and trailer becomes more and more evident. The finer the car becomes, the uglier its passive companion appears. Why, we ask, should these objects be so ugly?

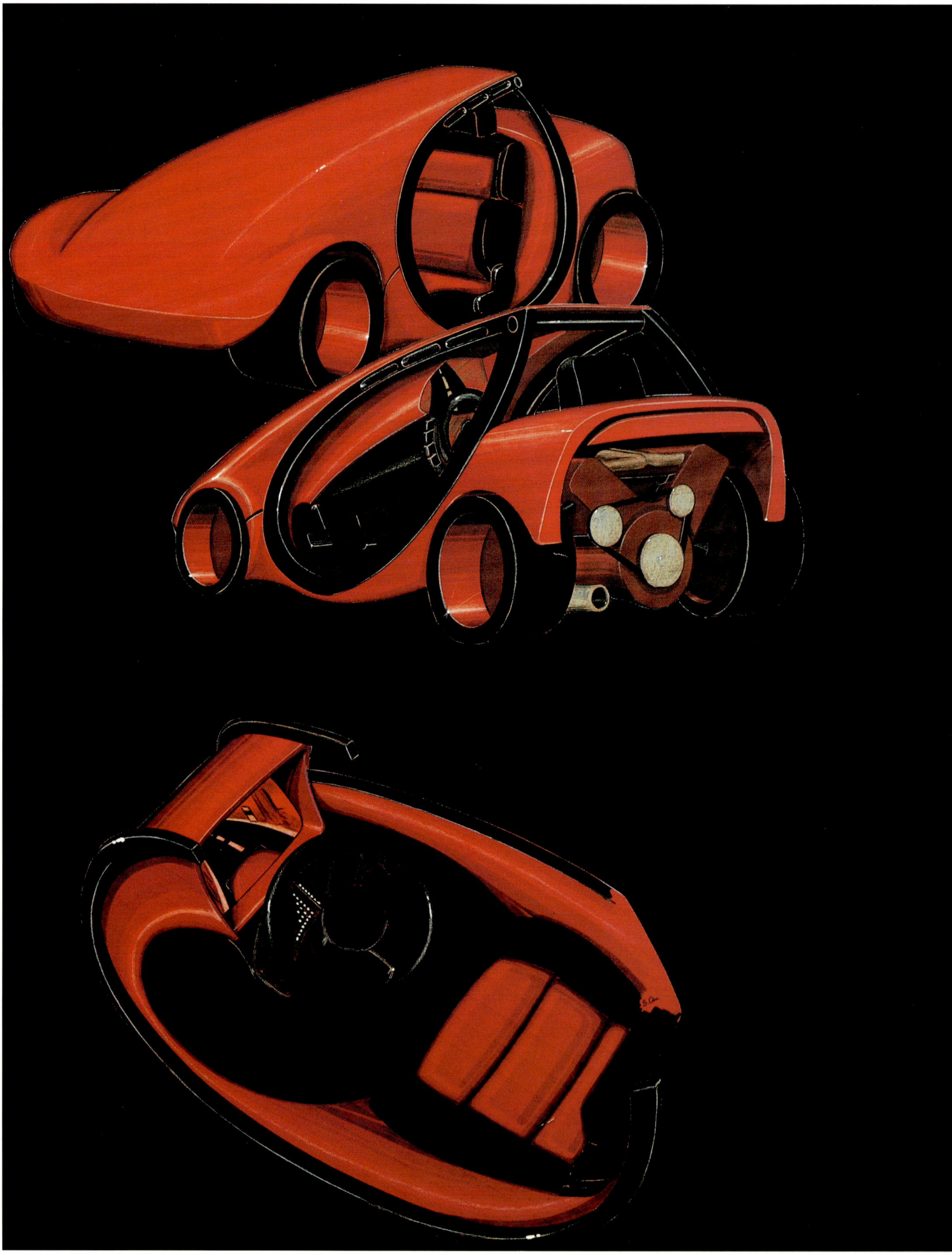

Die Zukunft der Simulation

Die Mehrzahl aller Autounfälle geht auf ein Fehlverhalten des Autofahrers zurück. Die Unfallforschung zeigt, daß das Fahrverhalten in kritischen Situationen und gefährlichen Augenblicken unkontrolliert abläuft.
In der Simulation können kritische Fahrsituationen risikolos und ausgiebig geübt werden, um den Autofahrer besser auf alltägliche Gefahrenmomente im Straßenverkehr vorzubereiten.
Zudem macht die ganze Sache auch noch Spaß und kann helfen, aggressives Fahrverhalten abzubauen.
Über eine Computeranimation läßt sich der visuelle Eindruck perfekt simulieren. Über Körperbewegungen können Flieh-, Brems- und Beschleunigungskräfte erlebt werden. Vibration, Wind und schließlich die Fahrgeräusche bewirken ein wirklichkeitstreues Fahrerlebnis.
Vielleicht bietet eines Tages die Simulation jene Erlebnisqualitäten, die der vorhandene Straßenverkehr immer seltener erfüllen kann.

Simulation - the future

Most car accidents are a result of a misjudgement by the driver. Accident research shows, that in critical situations and dangerous moments, drivers are not conscious of their behaviour.
In the simulation, the critical situations can be extensively practised without risk. Thus the driver is better prepared to meet critical moments in daily traffic. In addition it is fun and can help reduce aggressive driving behavior.
The visual impression can be exactly reproduced by computor animation. Centrifugal force, braking force and accelerative force can be physically experienced. Vibration, wind and driving sounds produce a realistic driving experience.
Perhaps some day simulation will offer a quality of experience which existing road traffic is finding increasingly difficult to offer.

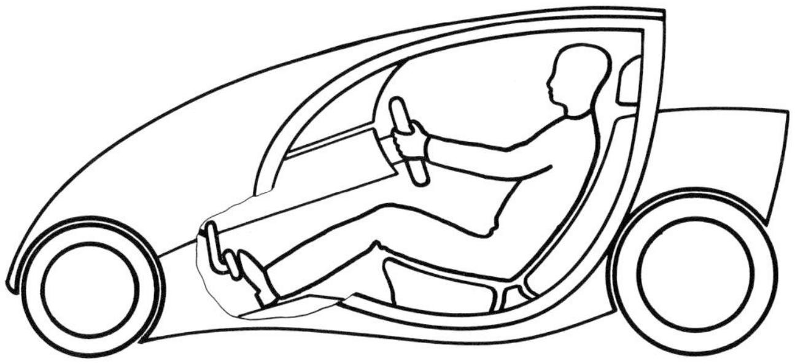

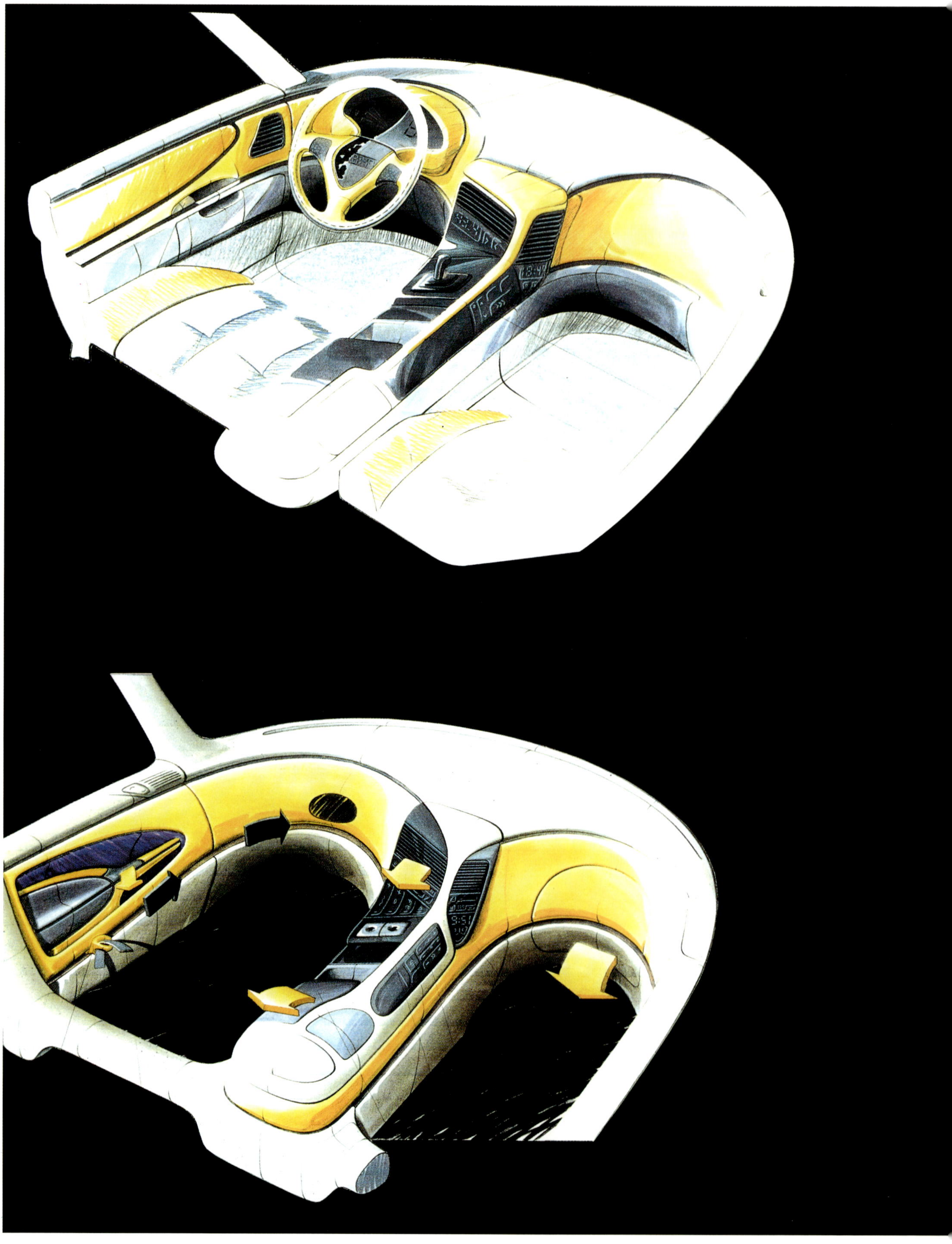

Komfort und Perfektion

Das Autodesign der Zukunft wird sich in immer stärkerem Maße mit der Gestaltung des Fahrzeuginnenraums befassen. Komfort und Perfektion bei unaufhaltsam steigender ästhetischer Qualität sind dabei die bestimmenden Faktoren des automobilen Innenlebens.
Qualität beginnt bei der Vereinfachung der Handhabung von Sicherheitsgurten und führt bis zum modularen Aufbau der Innenausstattungsteile. In der Durchdringung gestalterischen Anspruchs, technischer Realisierbarkeit und wirtschaftlicher Fertigung liegen die Chancen der Zukunft.
Die Projektstudie zeigt einen Versuch, Qualität in das Interieur des Autos zu bringen.

Comfort and perfection

Car design of the future will be more and more concentrated on designing the interior of the car. The determining factors in the interior of the automobile, are comfort and perfection in a continually increasing aesthetic quality.
Quality begins by simplifying the handling of the safety belts and continues into the modular development of interior elements. The chances for the future lie in the permeation of design standards, the technical realisation and economic production.
The project shows a possibility of how to bring quality into the car interior.

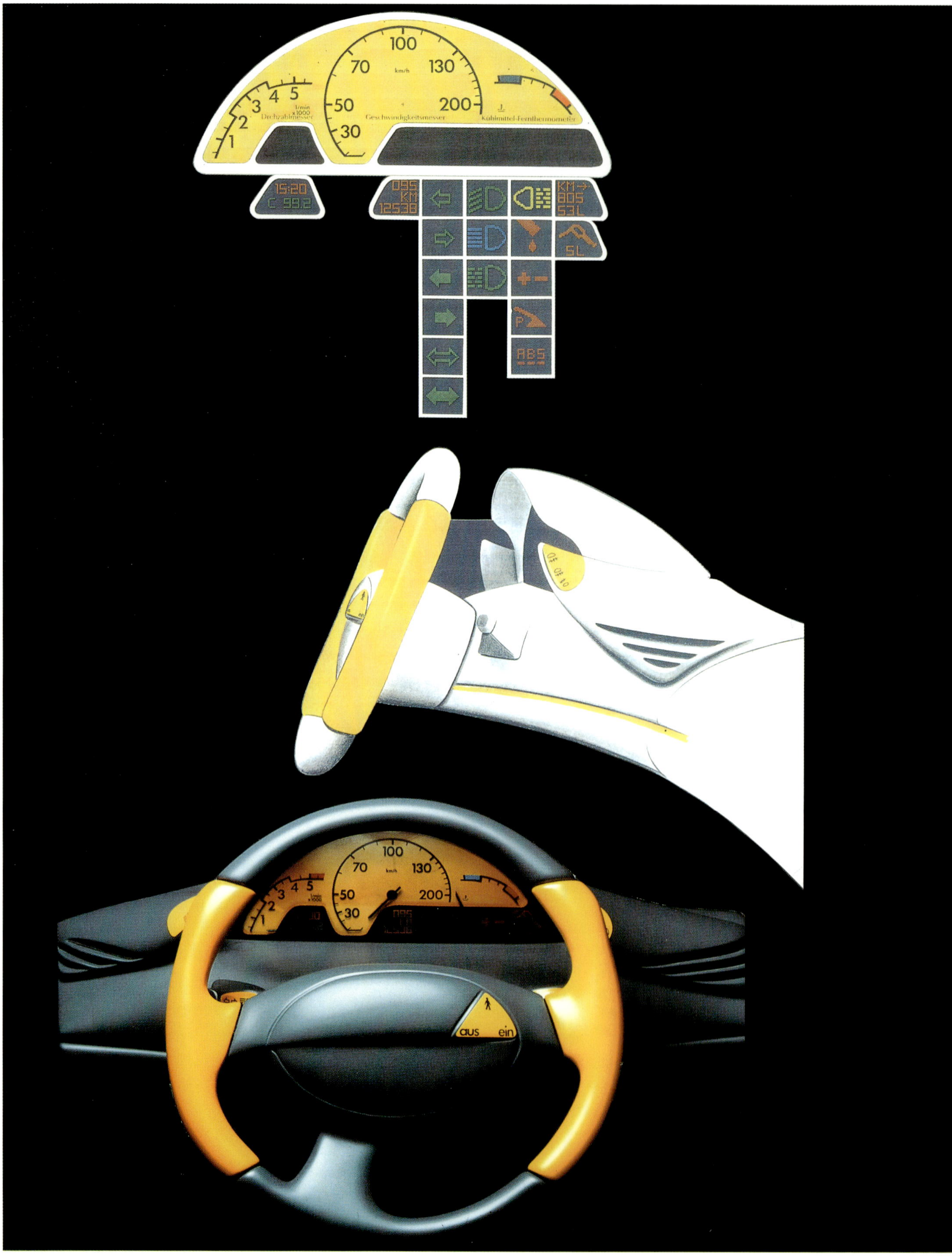

100
70
130
km/h
50
200
30
1
2
3
4
5
1/min x1000
Drehzahlmesser
Geschwindigkeitsmesser
Kühlmittel-Fernthermometer
15:20
C 99.2
095 KM 12538
KM→ 805 53L
5L
P
ABS
aus
ein

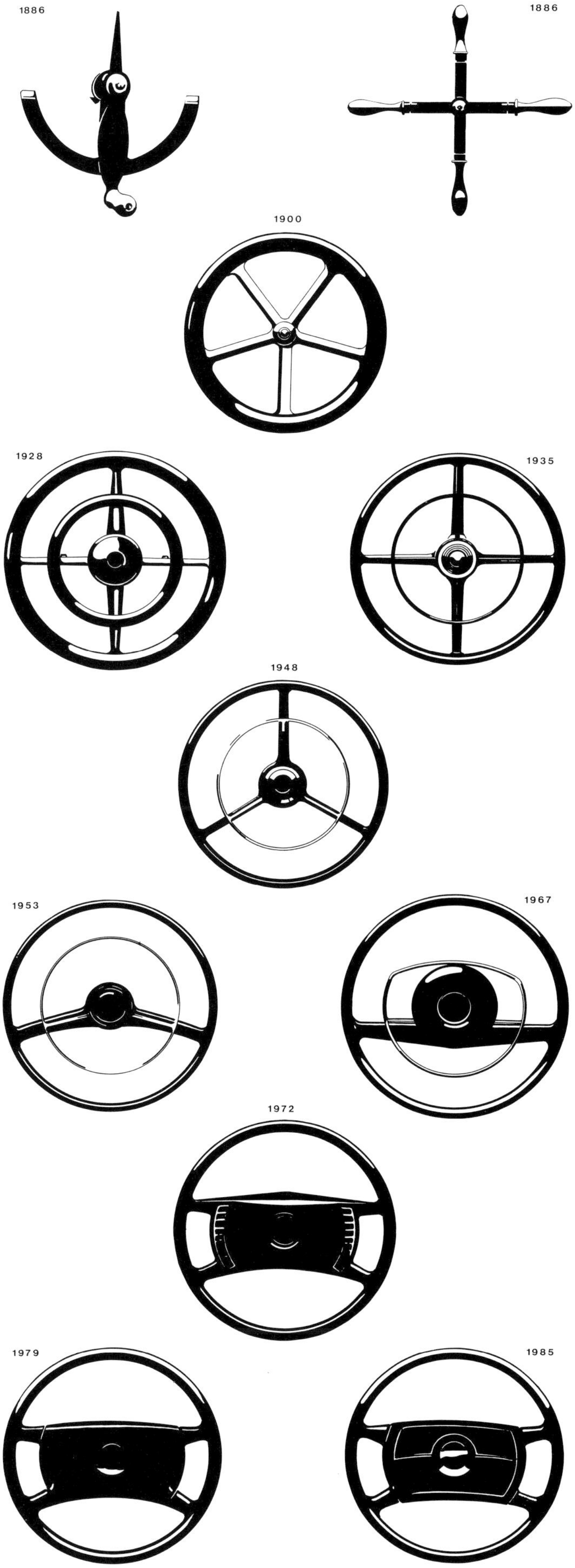

Von der Kurbel zum Knüppel

Die Geschichte des Lenkrads ist die Geschichte einer technologischen Evolution. Es begann einst mit der Kurbel, führte schnell zum Lenkrad und wird sich zu einem Steuerknüppel weiterentwikkeln.
Aus Eisen und Holz gefertigt, blieb das Lenkrad trotz einer Ummantelung mit Hartgummi in seiner wesentlichen Form unverändert. Erst die elastischen Schaumwerkstoffe bieten die Möglichkeiten einer plastischen Durchdringung seiner Formgebung. Heute stellt sich die Frage, ob das Lenkrad noch ein Rad sein muß.
Waren es einmal die Pralltöpfe im Zentrum des Volants, die die Form veränderten, so sind es heute die Greifzonen, die Speichen und die Betätigungsschalter, die zu neuen formalen Lenkrad-Lösungen führen.

From the crank handle to the steering column

The history of the steering wheel is the history of a technological evolution. It began with the crank handle, developed quickly to become a steering wheel and will be developed further to become a steering column.
Made of iron and wood, the steering wheel kept more or less its basic form, in spite of being covered with hard rubber. The flexible foam materials make a substantial change in its form possible. The question nowadays is: Need the steering wheel really be a wheel? Once it was the small hub in the centre of the wheel which changed the form, now it is the hand contact zone, the spokes and the control switches which lead to a new formal steering wheel solution.

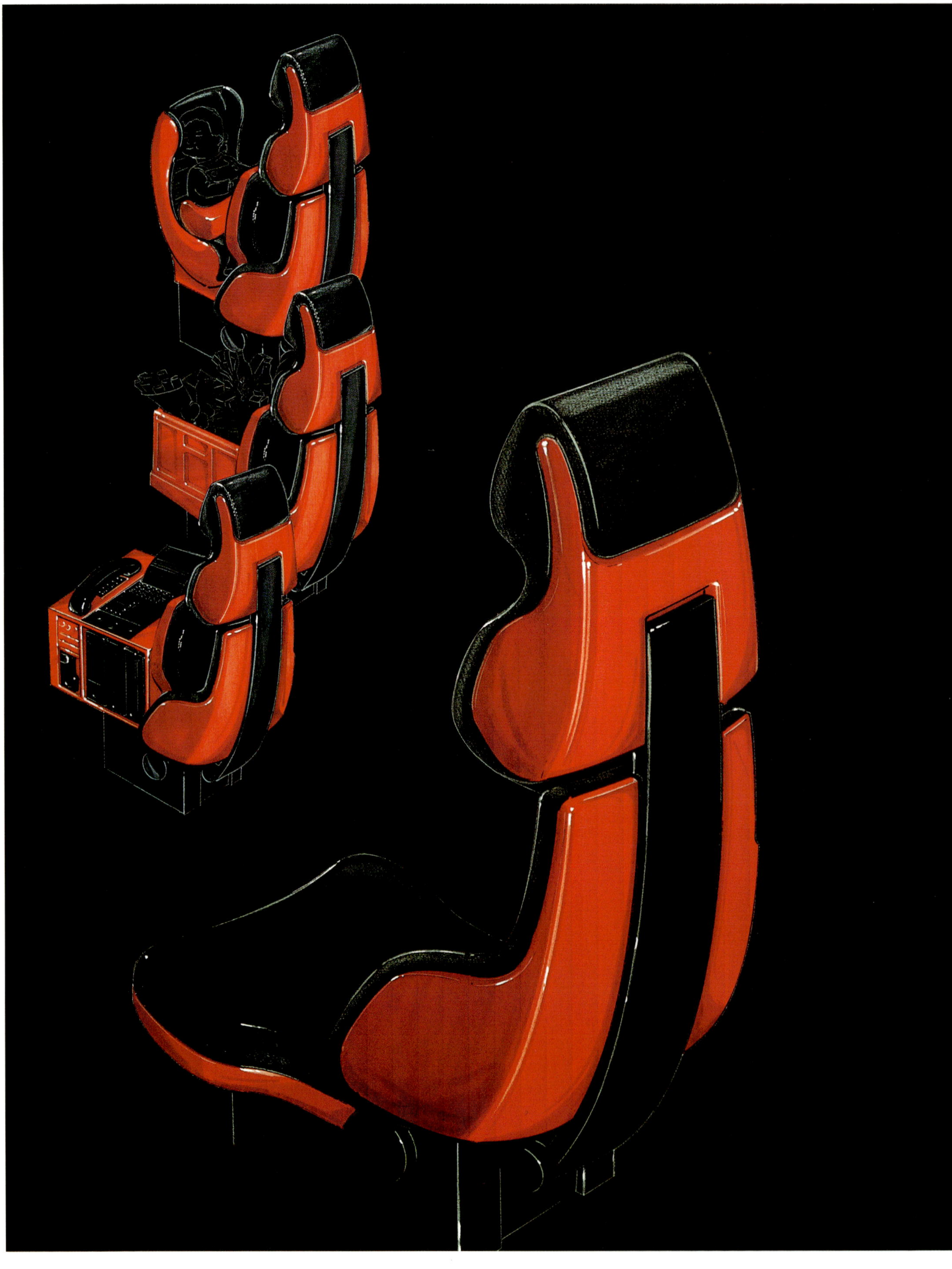

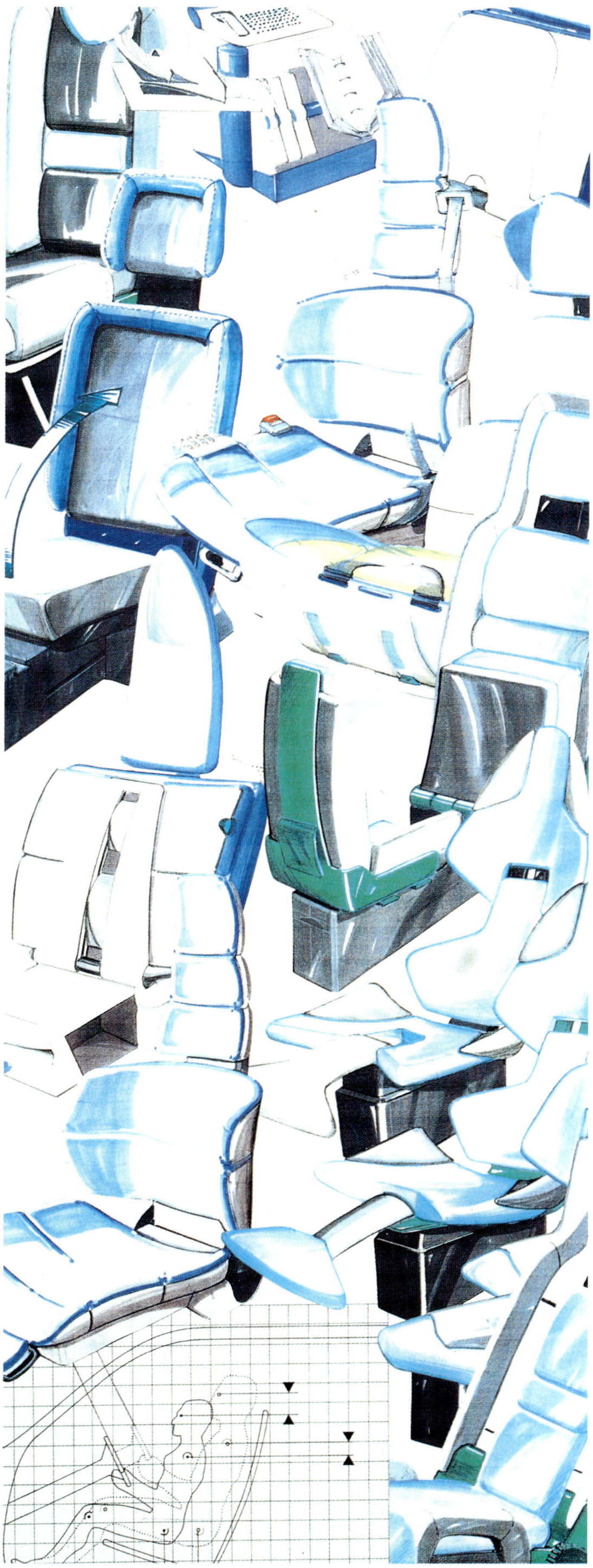

Leben im Autositz

Immer mehr Zeit verbringt der Mensch in seinem Auto. Der Sitz wird zum Lebensraum. Angenehmes Sitzen verlangt nach einem körpergerechten Sitz, der den Anforderungen von kleinen und großen, kurzen und langen, schlanken oder fülligen Körperformen gerecht werden muß. Zudem benötigt der Fahrer einen anderen Sitz als die Mitfahrenden.
Doch sollte man nicht noch weiter gehen und die Sitzgestaltung den Bedürfnissen von Kindern, Senioren oder Behinderten angleichen?
Immer längere Verweilzeiten im Auto zwingen uns, die Zeit anders zu nutzen. Es müssen Möglichkeiten zum Arbeiten, Spielen oder zum Entspannen geboten werden.

Living in the car seat

More time is being spent in the car. The seat has become an important factor. To be able to sit comfortably, one needs a seat which is designed to fit the body contours. A car seat must meet the requirements of small or big, short or tall, slim or stout body forms. Apart from that, the driver needs a different seat to that of his passengers. But, should we not go further and create seats for children, senior citizens or the handicapped? The more time we spend in the car, the better we can put this time to use. There must be possibilities to work, play or just to relax.

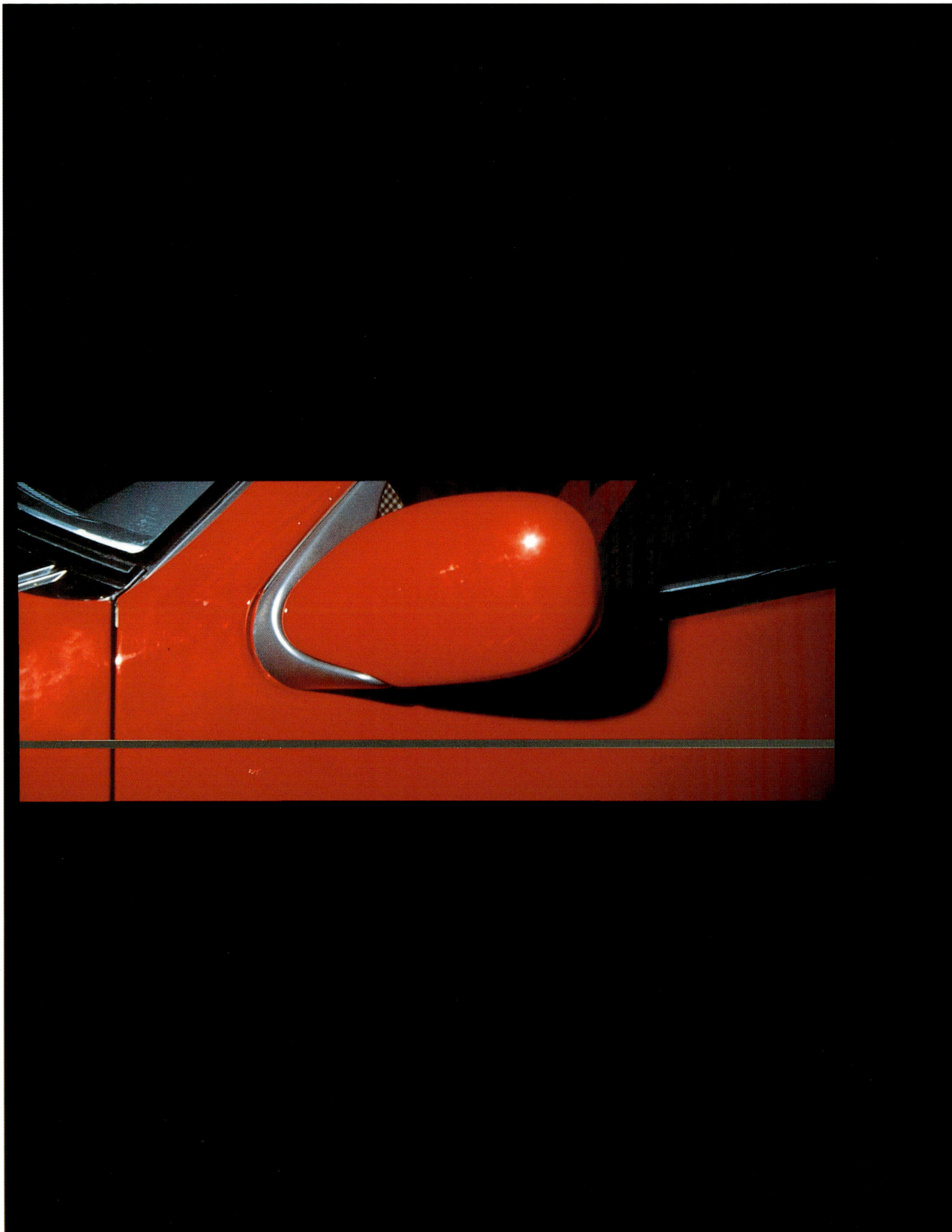

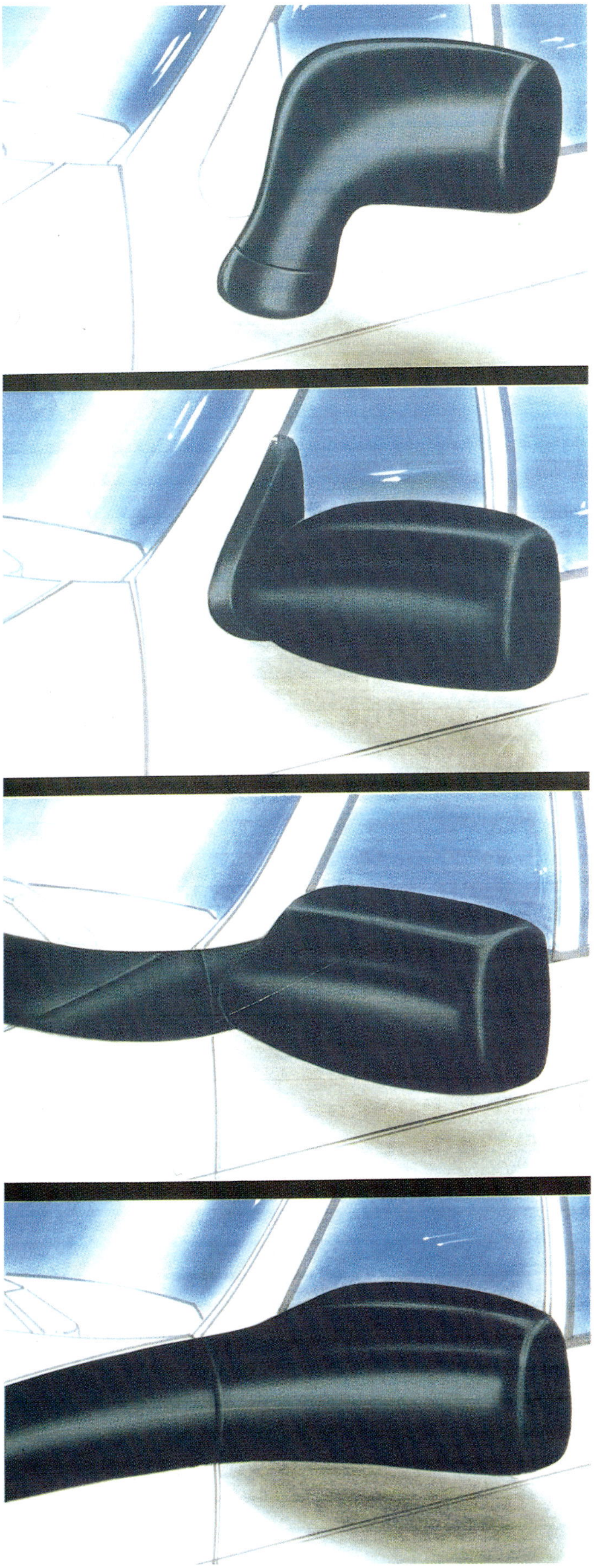

Das Beispiel Außenspiegel

Der Außenspiegel war für das Autodesign über viele Jahrzehnte hinweg ein eher lästiges, wenngleich notwendiges Element. Allmählich rückte er jedoch in das Zentrum der Aufmerksamkeit und entwickelte sich zu einem erwünschten Design-Merkmal.
Man kann den Spiegel auf die Karosse setzten, man kann ihn in der toten Ecke der Seitenscheibe positionieren, man kann ihn an das Lüftungsgitter anbinden oder zu einem Teil der Gesamtform werden lassen. Entscheidend ist nicht die Art der Anbringung, entscheidend ist die formale Lösung seiner Gestaltung.

The exterior mirror

For many decades the exterior mirror was an annoying but necessary element in car design. Gradually it became a point of attention and developed into a welcome design element.
The mirror can be fixed onto the bodywork, it can be positioned in the blind corner of the side window, it can be an extention of the the ventilator grille or it can be integrated into the general form itself. It is not so much how it is attatched to the car, it is the formal design solution of the exterior mirror which is of importance.

Die Speiche des Autorades

Das Autorad ist ein prägendes Element der Autoform und der Automarke.
Plastisch-dynamisch geformt und blinkend poliert dreht sich das Autorad ungebrochen durch die Zeiten.
Die ersten Autoräder lehnten sich in ihrer Form an das Holzrad der Kutschen oder die Drahtspeichenräder des Fahrrads an. Bald jedoch entstand ein dem Auto spezifisches Rad - das Scheibenrad. Da diese Radform keiner Speichen mehr bedurfte, übernahmen Zierringe und Radkappen die Schmuckfunktion. Auch die heutigen Räder aus Leichtmetall versuchen das Speichensymbol darzustellen.

The spokes of the car wheel

The car wheel is a marking element of the car form and the make.
Dynamic, three dimentionally formed and brightly polished, the car wheel rotates through the years.
The first car wheels were modelled on the form of the wooden carriage wheel or the wire spoked bicycle wheel. But soon a specific wheel developed for the car - the disc wheel. As spokes were no longer necessary the ornamental function was taken over by the wheel trims and hubcaps. The modern light-metal wheels of today still endeavour to portray the spoke symbolically.

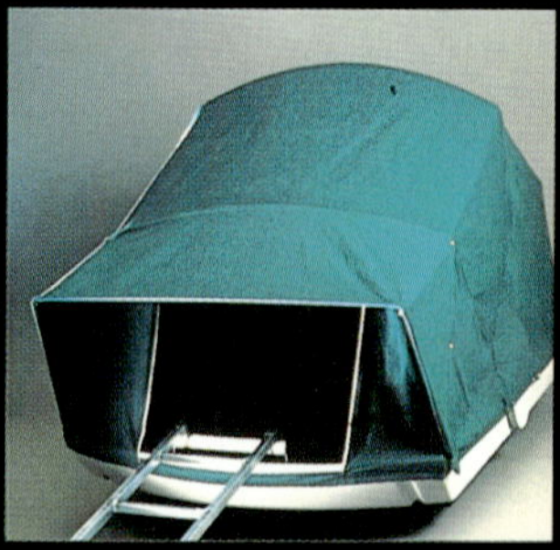

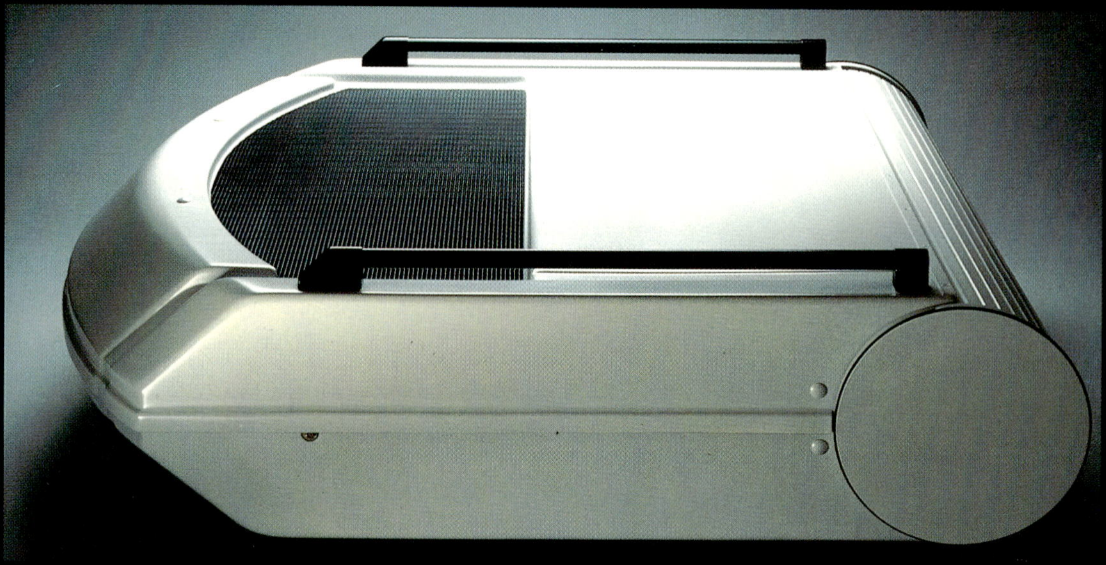

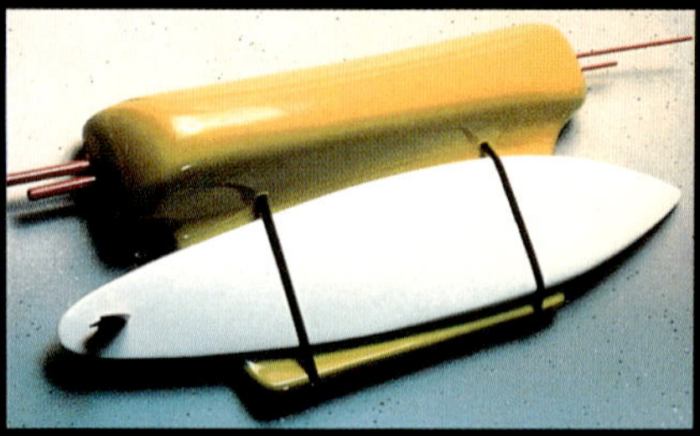

Auf das Autodach

Die Nutzung des Autodachs als Transportfläche bleibt so lange erhalten, wie das Mitführen von Sport- und Freizeitgeräten nicht besser gelöst werden kann.
Mit dem Rohrgestell als Gepäckträger begann die Nutzung des Daches. Später verwendete man eine aufgesetzte Reling und scheint nun verstärkt geschlossene Transportkästen zu bevorzugen.
Die Anbringung von Tragevorrichtungen ist nicht nur technisch ein Problem, auch die ästhetische Qualität des Gesamteindrucks des Autos leidet darunter. Noch gibt es keine wirklich überzeugenden Lösungen, vieles erscheint eher improvisiert als ganzheitlich entwickelt zu sein.
Vom Spezialträger für das Surfbrett bis hin zum Schlafzelt für zwei Personen - das Autodach scheint für die Nutzung vieler Ideen verwendbar zu sein.

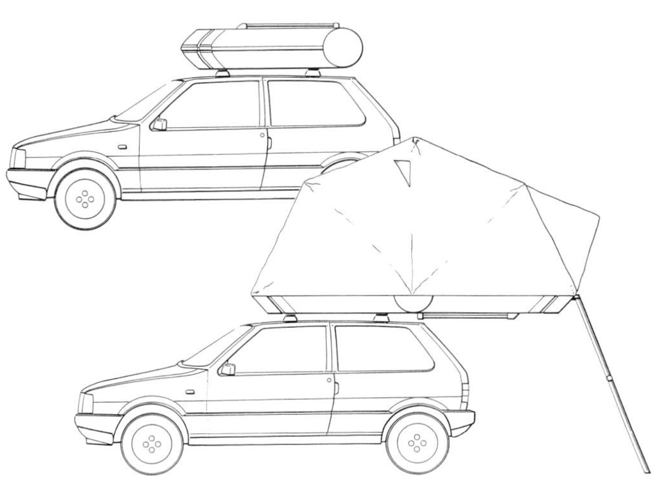

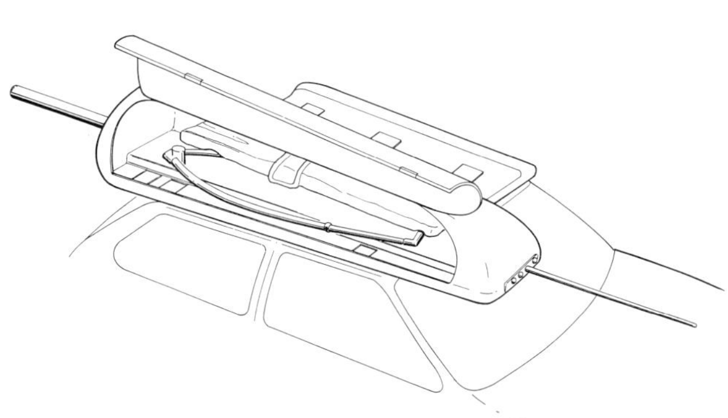

The car roof

Before the transport of equipment for sport and recreation is solved to an advantage, the car roof will remain the loading area. The roof started being used with the tube frame as a roof rack, later changing to a permanently mounted railing and now seems to be taking more the form of a box.
Positioning supporting devices is not only a technical problem, it is also detrimental to the aesthetic quality of the general appearance of the car. As yet, there are no convincing solutions. A great deal of these appear more improvised than integrally developed.
From special carriers for windsurfing equipment to a tent for two - the car roof seems to be suitable for exploiting many ideas.

Forschung in der Modulbauweise

Ein wichtiges Forschungsthema ist die Suche nach einem ästhetisch überzeugenden und gleichzeitig produktionstechnisch optimalen neuen Autokonzept als Bausystem, das standardisiert über große Zeiträume genutzt werden kann und dennoch eine große Variabilität offenhält.
Einen Lösungsansatz hierzu bietet die modulare Zellenbauweise. An eine optimierte Primärstruktur des Fahrzeugs läßt sich, je nach Bedarf, eine immer neue Sekundärstruktur anbringen. Dies könnte nicht nur die steigenden Entwicklungskosten bremsen. Es könnte auch eine schnellere Reaktion auf Marktänderungen möglich machen und gleichzeitig Marktnischen abdecken. Die Lösung für ein solches Bausystem verlangt tiefgreifende Forschungsarbeiten, um ein fertigungsgerecht optimiertes Designkonzept zu entwickeln.

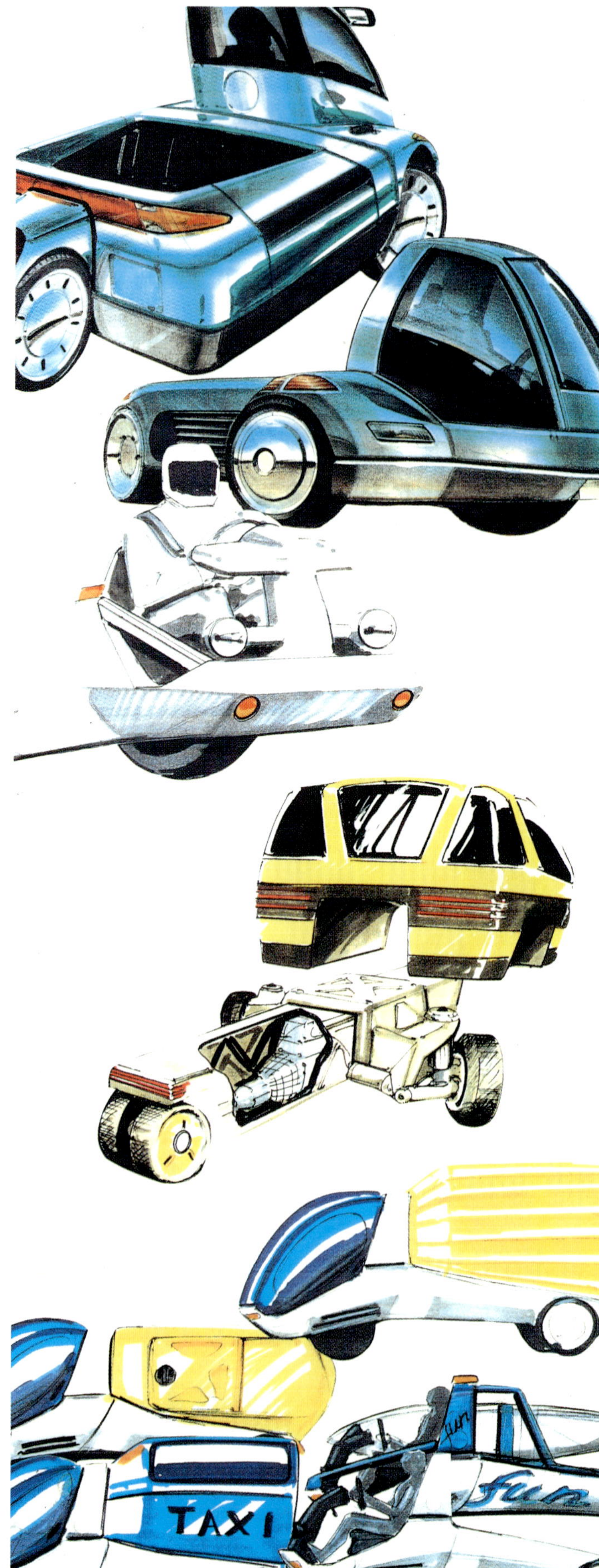

Modular design research

An important topic in research is the effort to find an aesthetically convincing new car concept, constructed using standardised units for flexibility and variety in use, and which will also be in use over longer lengths of time.
An approach to a solution is the modular cellular construction. According to requirements a secondary structure can be attached to an optimised primary structure. This could not only moderate the increasing development costs, but would also enable a quicker reaction to changes and gaps in the market. The solution for such a construction system requires intensive research, in order to develop an optimised design concept, which can go into full-scale production.

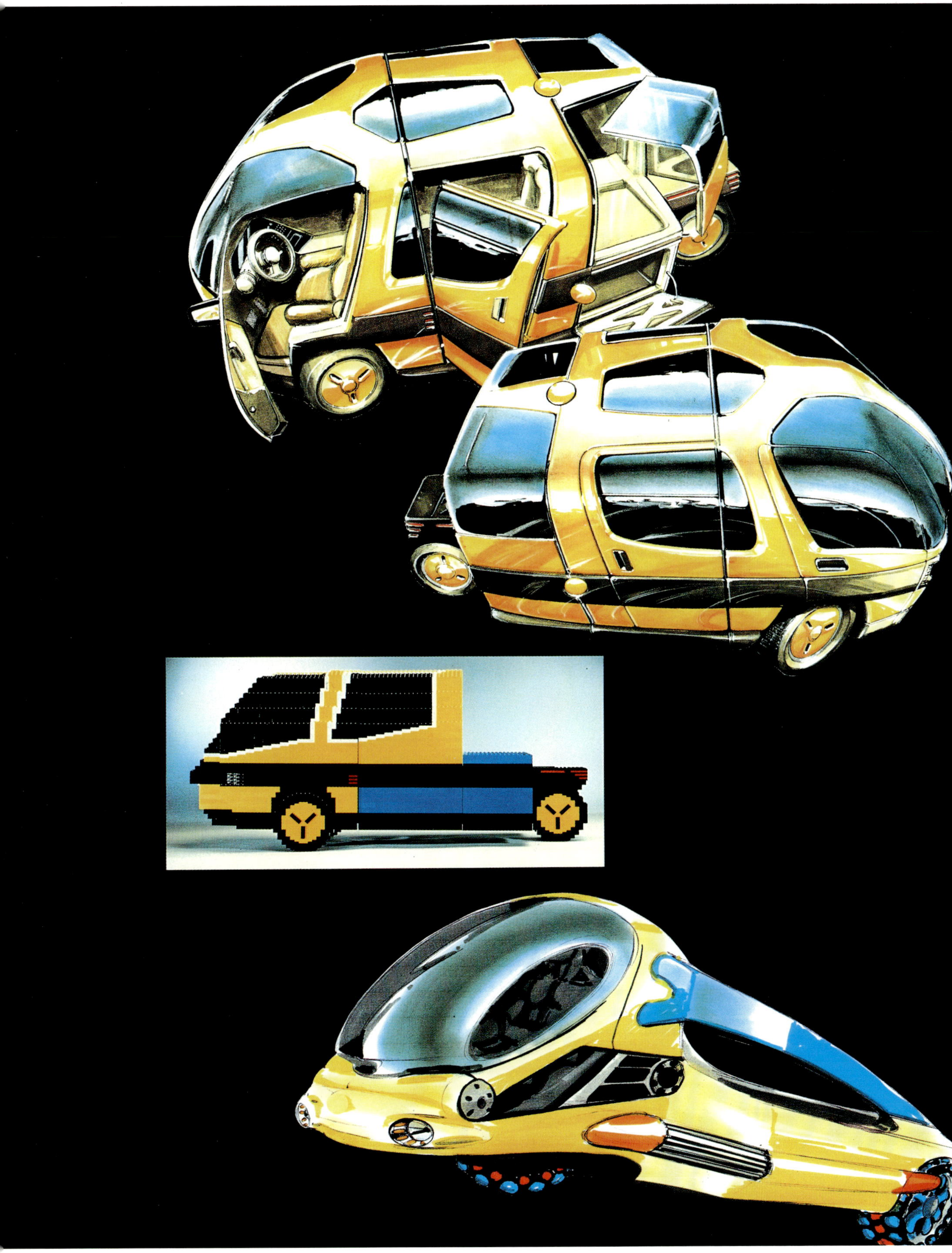

Das Zentralgerüst - ein weiterer Vorschlag

Als praktikable Lösung für einen Produktbaukasten wäre ein Auto mit Zentralgerüst denkbar. Ein biegesteifes Zentralgerüst im Leichtbau trägt alle erforderlichen Funktionsteile wie Motor, Antrieb, Fahrwerk, Tank und so weiter. Auf das Gerüst können dann die unterschiedlichsten Kabinenformen aufgesetzt werden.
Der Mehraufwand hierfür ließe sich durch die Wiederverwendung vieler Funktionsteile sowie durch eine Vereinfachung der Instandhaltung und der Entsorgung mehr als ausgleichen.

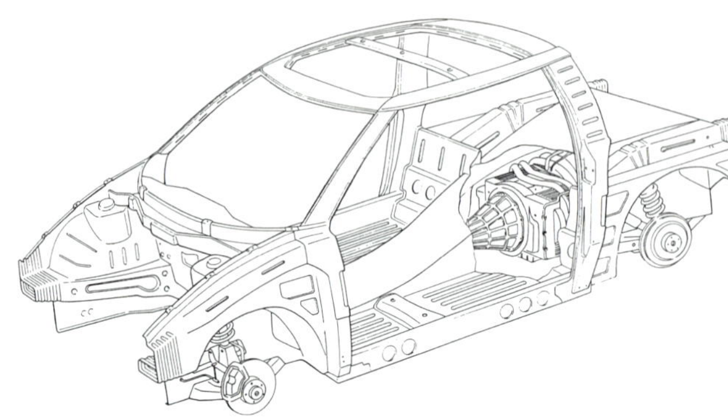

Central frame-work structures - a further suggestion

A practical solution to a construction unit, would be a car with a central frame-work structure. A rigid lightweight construction supports the necessary functional elements; engine, transmission, drive-train, fuel tank etc. A variety of cabin forms can then be mounted onto the structure.
As the functional parts are reusable, and the maintenance simplified, the additional expenditure for the structure would be more than offset.

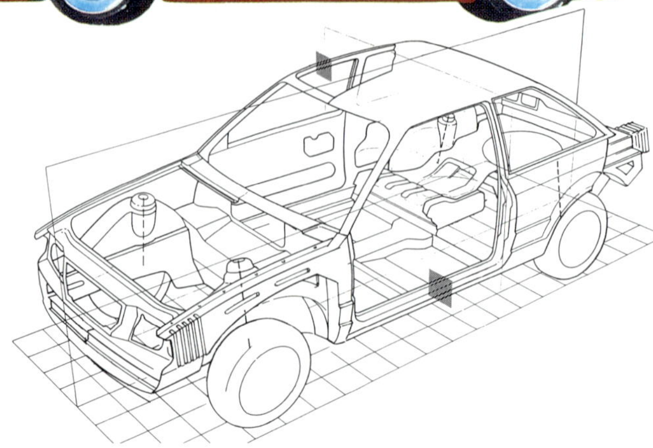

Das Intercity-Autokonzept

Die von uns so geliebte Mobilität stößt an ihre Grenzen, wenn Millionen von Autofahrern gleichzeitig die zur Verfügung stehenden Straßen benutzen wollen. Die Rolle des Autos als Fortbewegungsmittel muß also über kurz oder lang neu durchdacht werden.
Einen Lösungsansatz zeigt das Modell eines Schienen-Straßen-Verbunds. Das Auto verkehrt in gewohnter Weise innerhalb des Nahbereichs. Im Fernverkehr jedoch nutzt es die Schiene. Dabei wird nur die Fahrkabine transportiert, das Fahrwerk bleibt am Ausgangsort zurück. Am Zielort erhält jede Fahrkabine ein anderes Fahrwerk und kann sich wieder individuell in den Straßenverkehr einfügen.

The Intercity-car concept

Our much loved mobility is limited, when millions of car drivers make use of our roads at the same time. Sooner or later, the role of the car as a means of transport, will have to be reconsidered. An approach to the solution is the concept of a rail-street-network. The car commutes in the usual way in urban traffic and uses the rail for long distances. Only the cabin is transported. The chassis stays at the starting point. At the destination the cabin receives another chassis and can blend again into the traffic.

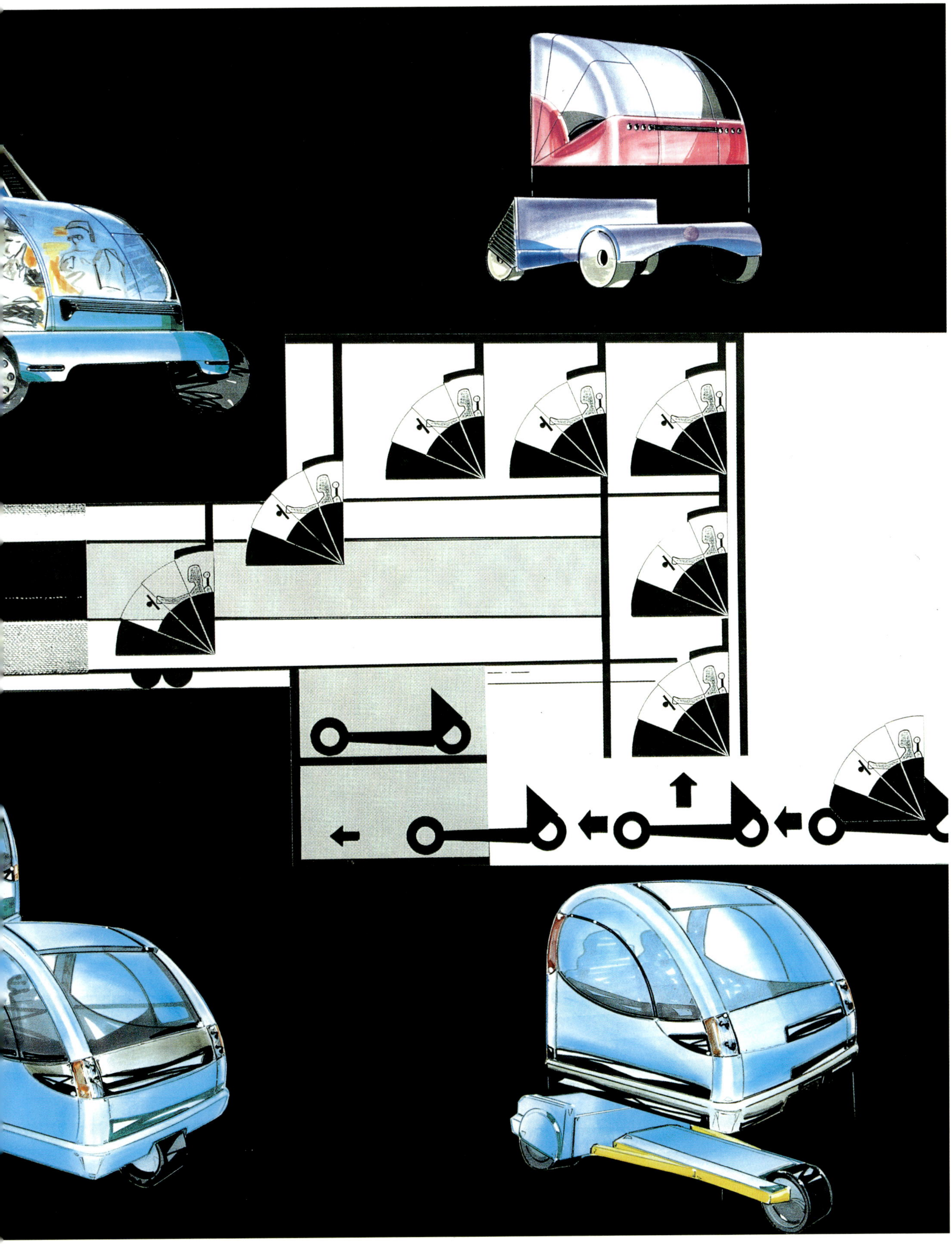

Das Magnetschwebeauto

Das Auto als Teil eines vernetzten Verkehrssystems wird sich wandeln müssen. Auch seine Form muß den neuen Bedingungen entsprechen. Neue Verkehrskonzepte müssen nicht nur Verkehr ermöglichen, sie müssen auch das Bedürfnis der Menschen nach Lebenserfahrung und Mobilität erfüllen. Der Vorschlag, über das bestehende Autobahnnetz ein schienengeführtes Straßennetz aufzubauen und mit Hilfe der Magnetschwebetechnik zu nutzen, könnte zu neuen Autotypen führen. Ein kleiner Antrieb würde für die Verwendung im Nahverkehr ausreichend sein. Die Magnetschwebetechnik erlaubt dem Fahrzeug aber auch, weite Strecken zu überwinden. Der Blick in die Zukunft zeigt Visionen, die zum Nachdenken Anlaß geben.

Magnetic suspension cars

The car in an interlaced traffic system will have to change. Also the form must correspond to the new conditions. New ideas about traffic must guarantee a fulfilment of experience and mobility. Building a rail network with the aid of magnetic suspension engineering above the existing motorway could lead to new types of cars. In urban traffic a small drive unit would be sufficient. Magnetic suspension would enable vehicles to travel long distances.
The future holds visions which are worth a second thought.

TR 08
TR 08

Zuletzt ein Blick auf die Straße

Jeder zweite Bürger klagt über Verkehrslärm. Galt einmal der Verkehrslärm als etwas Nebensächliches, so wird er heute als gesundheitsschädliche Belastung und akustische Umweltverschmutzung angesehen. Eine Verbesserung der Straßen könnte zu einer Verringerung des Lärms führen.
Der Wunsch des Autofahrers sind Straßen, die sich durch Städte und Landschaften schwingen, den Autolärm bannen und zudem frei von Hindernissen sind.

Finally a look at the roads

Every second person complains about the noise of traffic. Once seen as irrelevant, traffic noise is now experienced as detrimental to health, and acoustically as environmental pollution. Improving the roads could reduce the noise.
Drivers want roads that sweep through towns and landscapes, roads with reduced car noise, roads free from hazards.

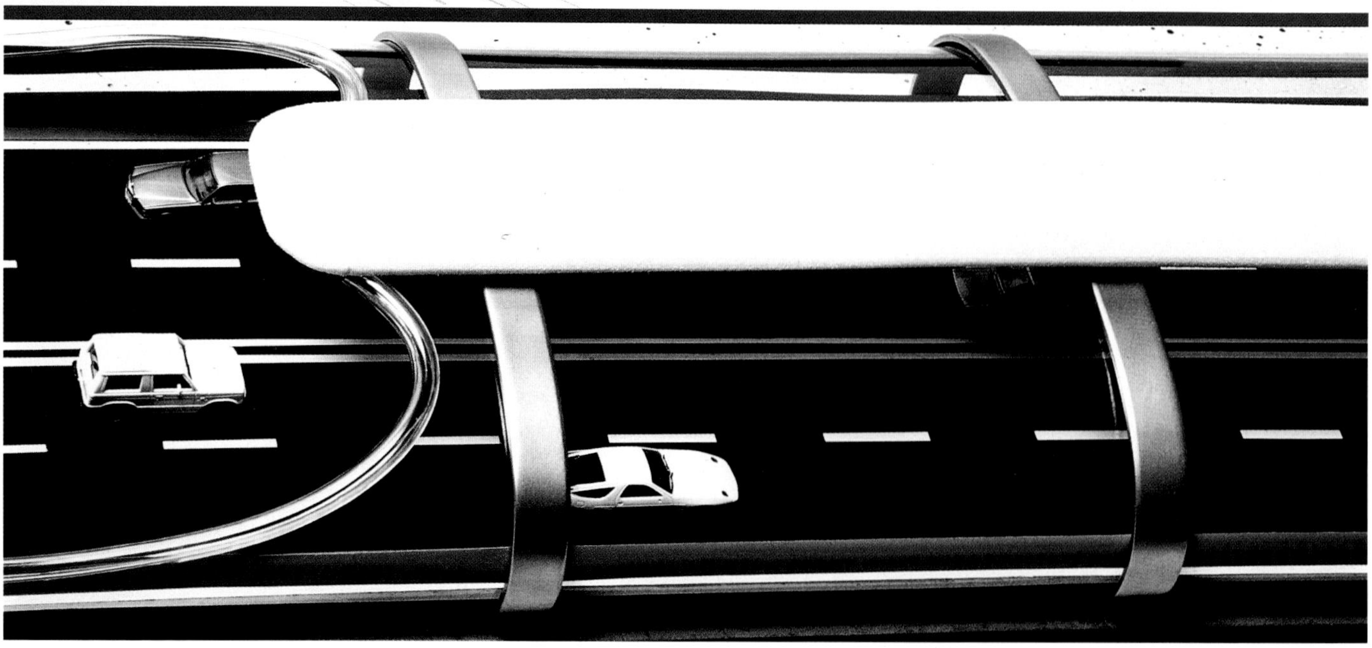